JN071467

おしゃれは心と身体のビタミン剤

ユニバーサルファッション

見寺 貞子・笹崎綾野

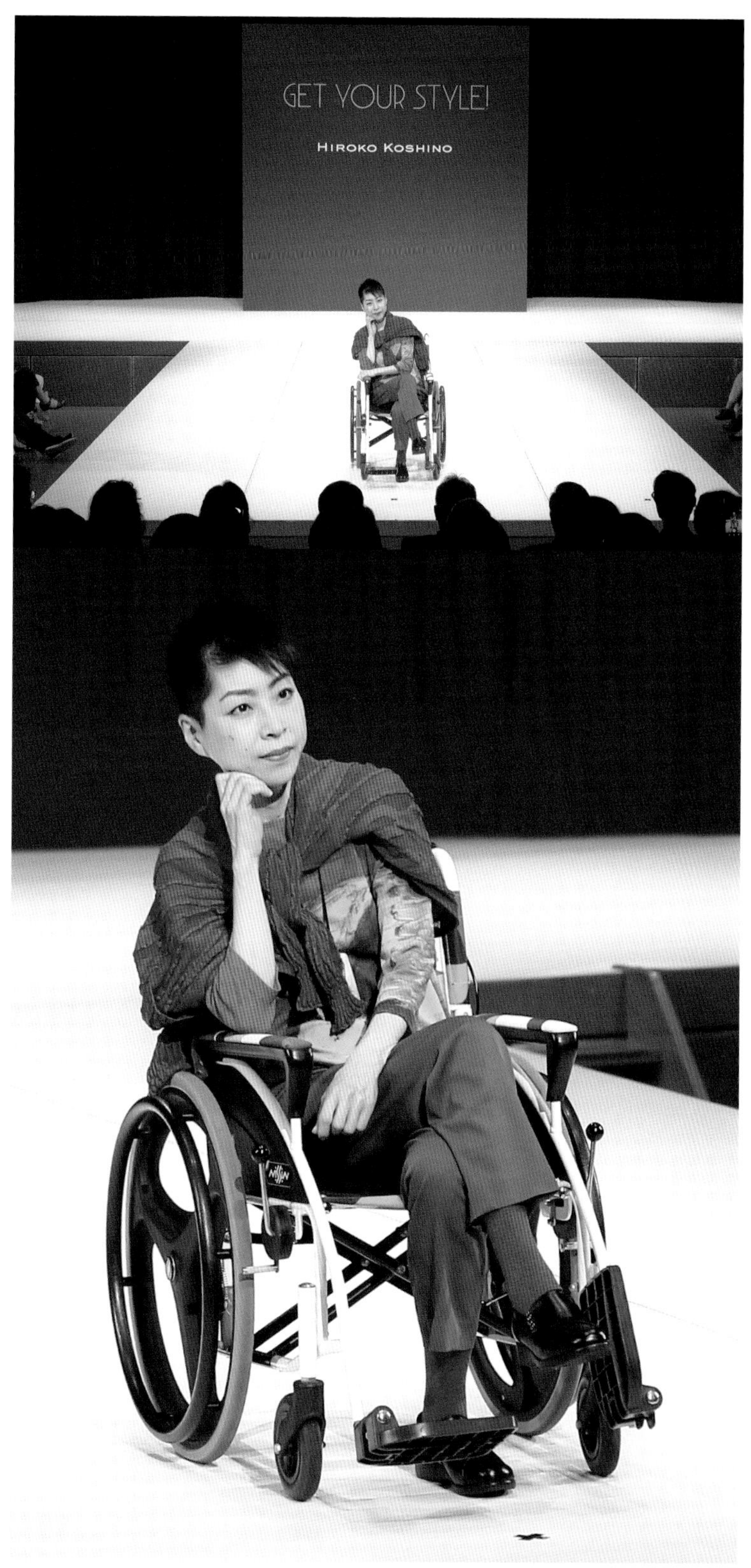

「コシノヒロコファッションショー － GET YOUR STYLE! －」（次頁も同様）
写真提供：株式会社ヒロココシノ

YOUR STYLE!
HIROKO KOSHINO

GET YOUR STYLE!
HIROKO KOSHINO

アペール症の子ども　写真提供：tenbo デザイン事務所

「温故創新」見寺貞子作品　撮影：深尾絵莉子

「温故創新」見寺貞子作品　撮影：深尾絵莉子

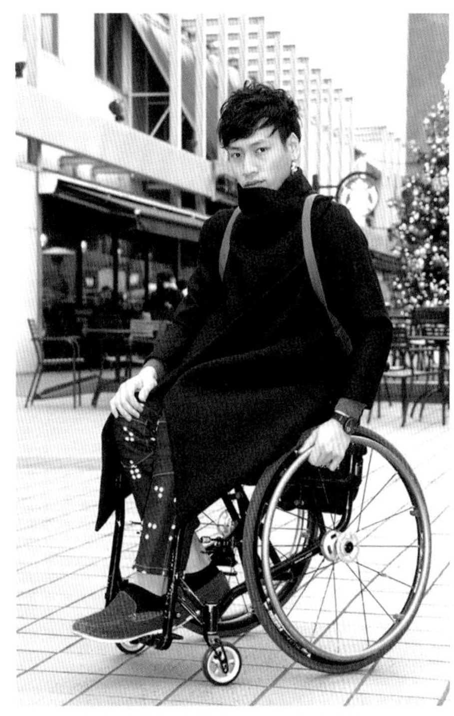

車椅子の男性　写真提供：tenbo デザイン事務所

「温故創新」見寺貞子作品　撮影：森田彩香

GUCCI 2020ss　ユニセックスで着られるウェア
写真提供：株式会社 f プロジェクト / steve wood

MARINE SERRE 2020ss　サステナブルをテーマとしたウェア

MAX MARA 2017-18aw　難民モデルの登用

SIMONE ROCHA 2020ss　シニアモデルの登用
写真提供：株式会社 f プロジェクト /steve wood

「Platinum Collection2019」
写真提供：京都プラチナコレクション実行委員会：山岸加代・Mee・山田ミユキ　撮影：深尾 絵莉子

図1　色相環（マンセル・カラーシステム）
資料提供：日本色研事業（株）

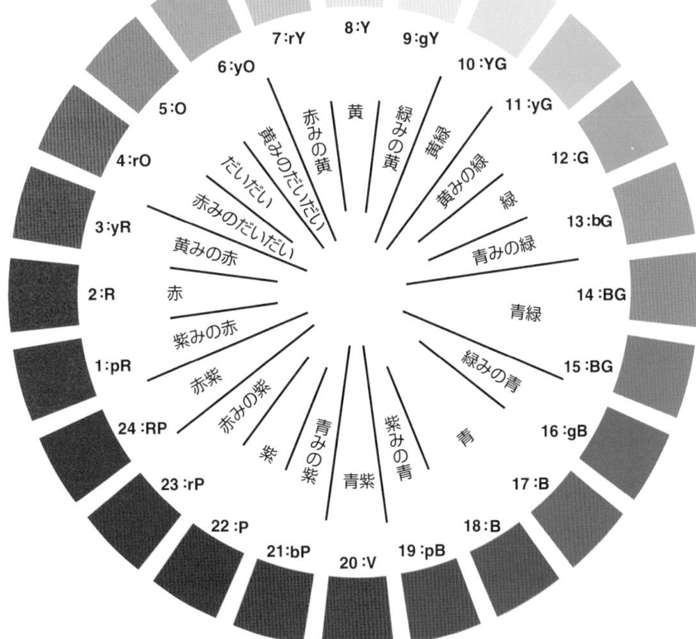

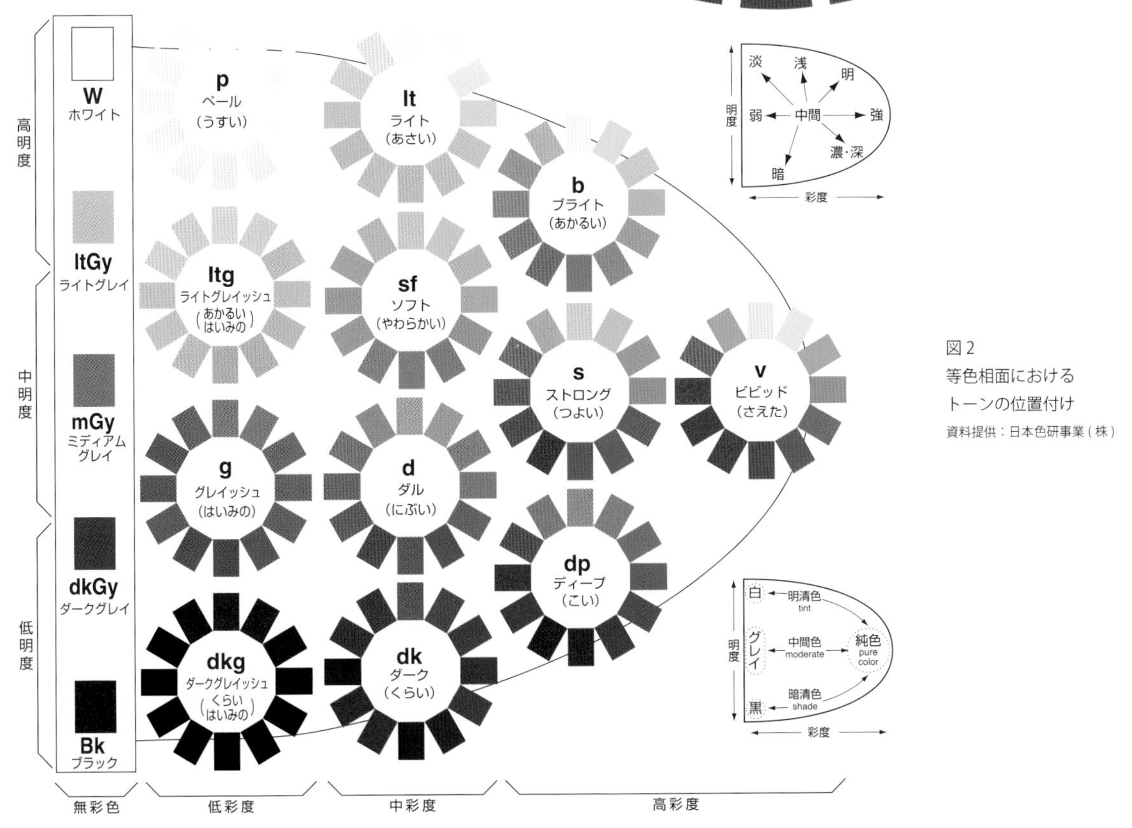

図2
等色相面における
トーンの位置付け
資料提供：日本色研事業（株）

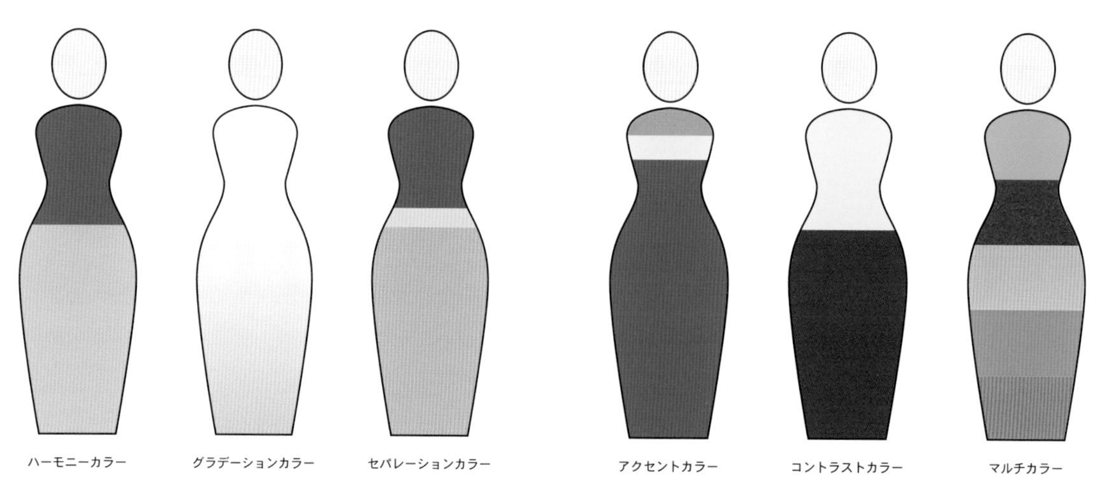

図３　カラーコーディネート　日本色研事業株式会社資料より作成

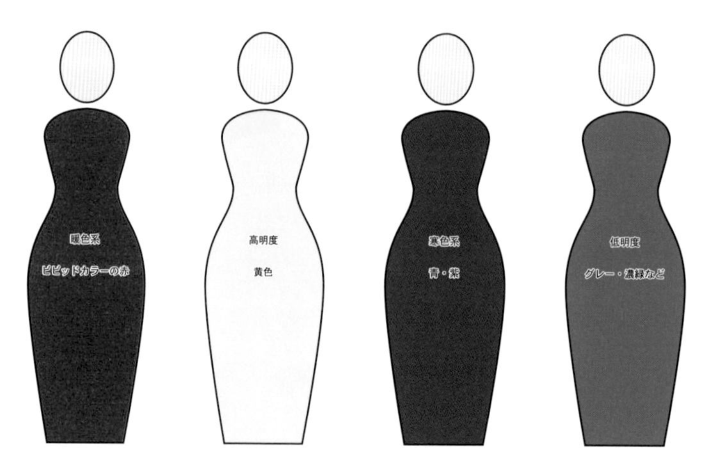

図４　膨張色と進出色

図５　収縮色と後退色
日本色研事業株式会社資料より作成

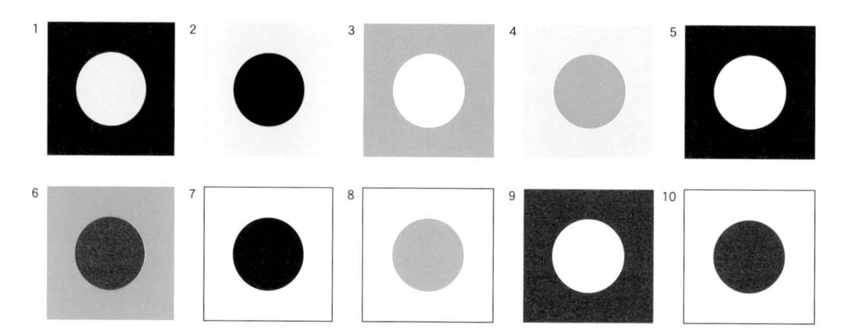

図６　色の視認度の順位
出典：財団法人日本ファッション教育振興協議会編集・発行「服飾デザイン」1996

UNIVERSAL FASHION

INTRODUCTION

「ユニバーサルファッション」は、1995 年頃から聞かれるようになった言葉です。

日本が高齢社会に入ったのは 1994 年。現在、日本の 65 歳以上の高齢者は約 3588 万人（総務省統計局 2019 年9月15日）、ほぼ 4 人に1人が高齢者となり、高齢化率は世界のトップクラスとなりました。今後、さらに増え続けると予測されている中、高齢者の就業率も年々、増加の傾向にあります。そして高齢化は、先進国だけではなく、アジア地域や発展途上国にまで進展し、その対策が急務となっています。

このような社会背景をもちながらも、ファッション産業界では、とかく若者向けのトレンド服ばかりが目立ちます。おしゃれな若い人たちの個性的なファッションは、周りの人の目を楽しませてくれます。ただ一方で、衣服をまとうことそれ自体に不自由さを感じている人も多く見られます。そうした人々に対応したモノづくりや社会環境がもっと整っていてもいいのでは。本来、ファッションの役割とは人の暮らしの快適さや楽しさを担うものです。すべての生活者がそれを普通に享受できる社会になって欲しいと思います。

ユニバーサルファッションとは、年齢や体型、サイズ、身体の機能、障害等にかかわりなく「すべての生活者」がファッションを楽しめる社会づくりを目指したものです。

本書のユニバーサルファッションの対象は、今後、さらに増えるであろう高齢者・障害者としています。世界保健機関（WHO）が定義する高齢者は 65 歳以上を指し、日本のさまざまな社会制度においてもこの区分けが適用されています。しかし一言で 65 歳以上といっても個人差があり、まだまだ現役で元気な方も多く見られます。また、まもなく後期高齢者に属する団塊世代の人たちは、戦後のファッショントレンドをリードしてきた経験をもち、ファッションへの関心も高いようです。

しかし、加齢に伴う身体機能の低下に抗うことはできず、衣服へのニーズは着脱のしやすさや肌への快適性、体型への適合性などを求めています。ただそのニーズにあう服がなかなか見つからず、かつてのようにファッションを楽しむ機会が少なくなっています。

私が、「ユニバーサルファッション」を、ライフワークにしたのは、1995 年の阪神淡路大震災がきっかけでした。企業でファッションの専門家として、人々に夢を与える仕事をしてきましたが、身に付けていた衣服や靴、バックは何ひとつ震災に対応できるものではありませんでした。なかでも、多くの被害を受けたのが、高齢者・障害者・子ども・外国人でした。身を守るはずのファッションが、何の役にも立たなかったのです。

震災の経験から、私はどのような状況になろうと、生きがいや喜びを提供できるファッションを作りたいと考えるようになりました。また同時期に日本が高齢社会に入った背景とも重なり、ファッション市場からは程遠いとされていた高齢者・障害者ファッションを研究したいと思いました。あれから 25 年が過ぎ、私も前期高齢者となりました。

本書は、前著「ユニバーサルファッション - 誰もが楽しめる装いのデザイン提案」で示した基本的な考え方を引き継ぎながらも、今日の社会を反映した内容に改め新版としました。

前著の発刊から18年が経過し、実践活動のなかで見えてきたのは、「ユニバーサルファッションは、高齢者・障害者の心と体のビタミン剤」になり得るということです。

本書では、「ユニバーサルファッション」の現状と可能性について、産官学民の具体的な取り組み事例をあげて紹介しています。また、対象を障害児やがん患者、認知症まで範囲を広げています。本書がより多くの人の生きがいや生活のハリとなり、よりよいライフスタイルを送るきっかけとなることを、願っています。

本書の出版は、論文指導をいただきました風間健先生と丹田佳子先生、コラムを執筆いただいた先生方、神戸芸術工科大学の多くの教職員や学生、ユニバーサルファッションの活動推進にご協力いただきました皆様のお力によりまとめることができました。ここに厚くお礼申し上げます。そして本書の出版にあたり、ご尽力を賜りました繊研新聞社の山里泰様、デザイナーの原敏行様、出版のきっかけをつくってくださったファッション・イラストデザイナーの鄭貞子先生に厚く感謝申し上げます。

最後に、芸術工学の考え方をご指導くださいました故・初代学長の吉武泰先生、名誉教授の土肥博至先生・佐々木熙先生、田中直人先生、相良二朗先生に厚く感謝申し上げます。

2020年3月 神戸にて　見寺 貞子

「障害者」の表記については、歴史的背景や団体の運動経緯などにより、障害、障がい、障碍などと使われているが、現在、法律など多くの表記において「障害者」が定着している。本書では、混在した表記を一律的に「障害者」と表記した。

CONTENTS

UNIVERSAL FASHION

第1章
時代を表現するデザイン

私たちは、移り変わる時代の中で、社会環境に適応しながら生活している。その生活環境の中に存在するものの大部分は、人間がデザインして創り出したものである。デザインとは言い換えれば、人間の生活の質を高め、快適な生活を営むための知恵による造形活動であると言えよう。時代背景や社会の課題を表現するデザインのあり方について考える。

1 求められる社会環境への対応

1 モノづくり（デザイン）の歴史

私たちの生活は、時代とともに技術の進歩により、大きく変化をし続けてきた。とりわけ、近年の情報技術の発達は、新しいネットワークやコミュニティの形成を促し、生活環境に大きな変化をもたらしている。

もともと人間は、自然環境に順応しながら生活を営み、やがて人間の特性である創造性を発揮し道具を生み出し、それを用いてモノを生産することを覚え、共同体社会をつくってきた。

狩猟を中心とした移住生活から、栽培を中心とした農耕生活へ変化し、さらに家を建て、家族や仲間とともに暮らす定住社会を形成した。この定住社会においては、売買制度を考え出し、生産者と消費者というモノを効率よく流通させる仕組みをつくり出し、現代社会の基盤となる産業社会を誕生させた。

人間は常に、さらなる快適な生活空間を目指して、高度な技術を開発していく。飛行機や電車、自動車などの交通網の発達は、他の地域への移動を短時間にし、人工衛星の登場は、これまでの空間意識を変えた。近年の急激な情報社会は世界中、瞬時に同じ情報が流れ、いつでもどこでも誰とでもコミュニケー ションができる環境を実現した。

人々の生活は、かつて経験したことのない情報化、国際化の一途を辿っている。人間の創意工夫は、時間と空間を超えて、限りなく進展し続けている。それは単に、技術や生産様式を変えるだけではなく、人間の生活様式や価値観をも大きくつくり変えている（写真1）。

このように私たちの生活は、モノづくりの歴史であり、言い換えればデザインの歴史でもある（付録参照）。今後、デザインが私たちの生活にどのような意義をもち、どのような視点で生活を支え、心豊かにするものとなりうるかが問われている。

地球規模でつなぐ情報化社会

写真1　宇宙服

2 持続可能な社会への取り組み

近年、先進国中心の経済社会の中、世界中の人々が人間の尊厳をもち続ける社会であるためには、地球レベルで生産と消費のあり方を見直し持続可能な社会を目指す取り組みが望まれている。

持続可能な社会とは、地球環境や自然環境が適切に保全され、将来の世代が必要とするものを損なうことなく、現在の世代の生活を向上させるような開発が行われている社会のことである。

産業革命以降、私たちの生活は物質的に豊かで便利なものとなったが、一方で地球環境の悪化をもたらしている。温室効果ガス排出量の急激な増加は、地球温暖化という気候変動や気象異変を引き起こし、世界各地で大規模な災害をもたらしている。また環境汚染物質は水、大気、土壌を汚染し、鉱物やエネルギー資源の無計画な消費は、環境を破壊するだけでなく、奪い合いの紛争と飢餓を引き起こし、地球上の生物多様性※1を消滅の危機に追い詰めている。

大量生産、大量消費による経済活動は膨大なムダと廃棄を生み、海洋や大気圏にまで多大な負荷を与えている。地球温暖化の抑制は、今や人類史的な課題となっている。

こうした状況を踏まえ、2015年9月、国連サミット会議は持続可能な開発目標SDGs（通称エス・ディー・ジーズ：Sustainable Development Goals）を掲げ、先進国も途上国もすべての国が関わっていくものとして17目標を設定した（図1）。

国連持続可能な開発目標（SDGs）

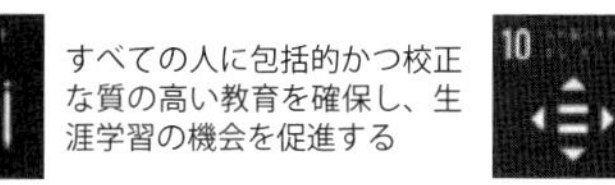

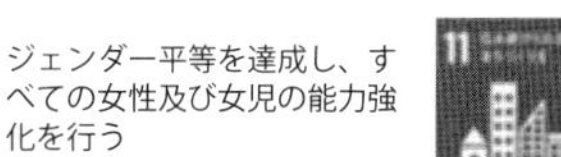

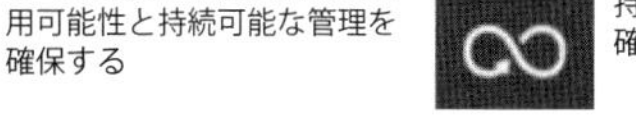

図1　持続可能な開発目標

このような問題意識から環境省は、「環境」と「開発」は相反するものではなく、共存し得るものとして捉え、企業が持続的に発展するためのSDGsの活用ガイドを作成した。

持続可能な社会に向けて、国や企業に限らず、科学者、起業家、デザイナー、個人のすべてが協力し合い、次世代に向けて未来ある地球を継承することが求められている。

3 少子高齢社会への対応

21世紀に入り、世界各国の人口構成比が変化している。少子高齢化の進展、独居老人の増大、女性の社会進出・シングル化・晩婚化、外国人の増大などが要因とされている。中でも高齢化は先進国だけにとどまらず、アジア地域や発展途上国にまで広がっている。

日本は高齢化が急速に進行した国であり、1970年では7%であった65歳以上の人口比率が1994年には14%となり、わずか24年間で高齢社会*2に移行した(図2)。また2019年では28.4%に達し、超高齢化社会を迎えている。さらに2040年には、老年人口割合が35.3%となり、3人に1人が65歳以上の社会になると見込まれている(国立社会保障・人口問題研究所「日本の将来推計人口」2017年推計)。

高齢化にともない障害者数が増大していることが問題化しつつあり、社会的な介護負担の増加につながることが予測される。

これらの人口構成比の変化に対して、高齢者、障害者に対応する社会システムや生活環境整備、社会保障の見直しが急務となる。併せて、近年の少子化傾向により、生産年齢人口の減少も顕著に推移している。生産年齢人口の減少は、各地域の産業基盤を弱体化させ、これらの対策も急務となる。

※1　生物多様性：生物群系または地球全体に多様な生物が存在していることを指す。
※2　高齢社会：総人口の14%以上が65歳以上の社会のこと。

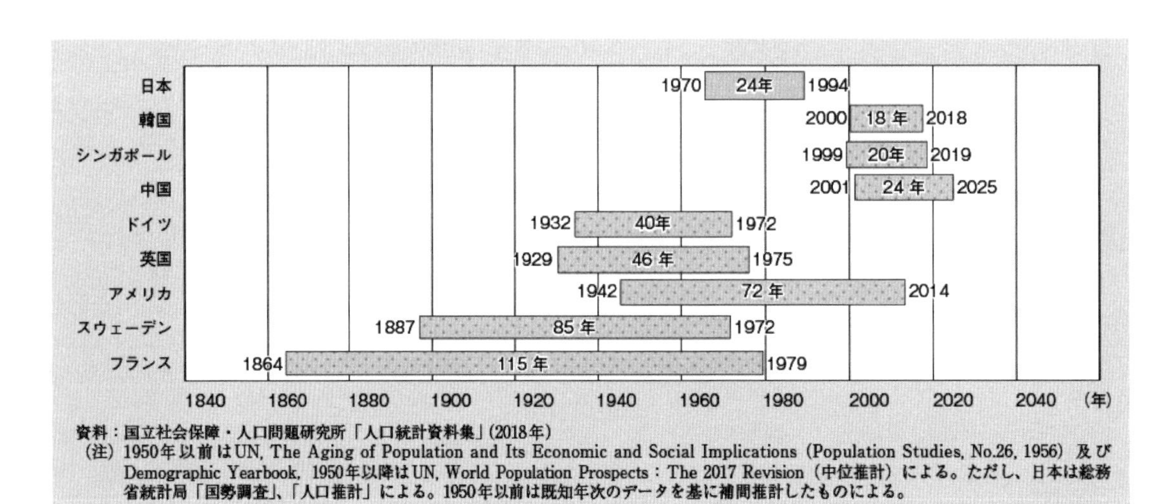

図2　人口高齢化速度の国際比較

4 ダイバーシティ社会の推進

ダイバーシティという用語がよく聞かれるようになった。ダイバーシティ（diversity）とは、英語の名詞で「多様性」と和訳される。日本語での「多様性」は、「生物多様性」「遺伝的多様性」「文化多様性」あるいは労働における「人材の多様さ」といった概念を指す語として用いられる。

英語の diversity（ダイバーシティ）という考え方は、60 年代の米国で公民権運動など人権問題への取り組みの中で生まれ、「黒人と白人女性」に対する差別的な人事慣行（採用、業績評価など）を撤廃しようという動きが発端になった。やがてマイノリティ（障害者・高齢者など）をすべて包括する考え方に変わり、企業社会の中に浸透していった。

現在は、人権等の本質的な観点だけでなく、将来的な少子高齢化による労働力人口の減少等に対応した人材確保や企業競争力の観点からも、年齢や性別、学歴・職歴、国籍・人種・民族、性的指向といった属性から人を分け隔てせず、むしろ積極的に採用していくことが求められている（Diversity and Inclusion）。

経済産業省は、ダイバーシティ経営の推進として、2018 年 4 月より「競争戦略としてのダイバーシティ経営（ダイバーシティ 2.0）のあり方に関する検討会」を行い、企業が取るべきアクションをまとめた「ダイバーシティ 2.0 行動ガイドライン」（2018 年 6 月 8 日）を改訂した。多くの企業がダイバーシティを通じて経営力を高め、人材戦略の変革にもつなげることで、新たな産業創出となることを期待したい。

国連の WEF（世界経済フォーラム）によるジェンダーギャップ指数／世界男女平等ランキング調査によると、日本は 153 ヵ国中 121 位とかなりの下位クラスに属している。もちろん、先進国 G7 の中では最下位にあることは言うまでもない。

今後、さらに多様性を認め合い、サポートする制度や施策などの社会システムの具体化が求められる。

5 マイノリティから学ぶ社会

ダイバーシティ社会推進の背景には、マジョリティ（多数派）中心の社会環境や至上主義の存在があげられる。過去、日本の経済はマスマーケットを対象とした大量生産や大量消費により発展してきた。一方では、マイノリティ※1（少数派）の存在は、無視されてきたといっても過言ではない。

社会的マイノリティは、「弱者」の立場にある集団として位置づけられやすく、マジョリティから見れば、相対的に異質であり異端と捉えられたりしてきた。そのため、差別や迫害、あるいは日常生活の中で不当な扱いを受けることも多かった。就職や結婚差別、社会的地位や経済的階層による不平等といったかたちで表れてきた。

「セクシャルマイノリティ」（性的少数者）も同様に捉えられてきたが、近年、法律でも認知されるようになった。当初 LGBT※2 という言葉で広がったが、SOGI※3（性的指向・性的自認）という言葉が一般化しつつある。マイノリティの人たちも、偏見や差別のない社会で生活していけることが、保障されている社会でなければならない。

今後の社会のあり方を考えると、ダイバーシティ社会の推進には、個々の個性や才能を伸ばす社会環境を整備することが前提となる。

彼らの存在は、新たな付加価値や製品、サービスを創出するヒントとなり、新たなビジネスモデル（ソリューション・ビジネス）を生み出す可能性を予感させる。

現代・未来社会をマイノリティの視点から問い直すことが求められている。

※1　マイノリティ（minority）:「少ないこと」および「少数派」という意味。とりわけ　社会的に少数派と位置付けられる人々（マイノリティグループ）を指す意味で用いられることが多い。マイノリティに対する反対語は「マジョリティ」（多数派）。

*2　LGBT：L（レズビアン：lesbian）…性自認が女性の同性愛者、G（ゲイ：gay）…性自認が男性の同性愛者、B（バイセクシュアル：bisexual）…男性・女性の両方を愛する人、T（トランスジェンダー：transgender）…主に身体的な性別と性自認が一致しない人を指す。

*3　SOGI：Sexual Orientation（性的指向）and Gender Identity（性自認）の略語を指す。

感性豊かな LGBT のカップル

6 ライフサイクルの変化への対応

世界的に各国の人口構成比が変化している中、ライフサイクルの変化も予測される。環境整備の向上や医学の発展等により平均寿命が延び、2001 年に日本は世界一の長寿国となった。障害に対しても、治療・予防法の進歩により死亡率が減少し、人生 100 年時代とも言われている。

厚生労働省は、人生 100 年時代には、すべての国民に活躍の場があり、すべての人が元気に活躍し続けられる社会、安心して暮らすことのできる社会をつくる必要があり、その重要な鍵を握るのが「人材への投資」であると示している。そのためには幼児教育無償化と女性就業率 80%を保障する待機児童問題の解消、保育士の待遇改善などとともに、より長いスパンで人生の再設計が可能となる社会の実現を方向づけている。何歳になっても学べ（生涯教育）、職場復帰や転職が可能となるリカレント教育※1 を拡充し、高齢者の雇用促進を図り、介護・障害福祉の人材確保・改善の推進を対策案として提言した（平成 30 年 6 月 13 日とりまとめから）（写真2）。

世界一の長寿国になった日本は、人生 100 年時代にふさわしい社会環境の整備や制度充実を推進し、世界の先行指標となるモデルケースとなることを期待したい。

少子高齢化や経済の低迷、グローバル社会を背景に、共働きや女性の社会進出、外国人労働者が増加している。共働きが増えれば保育園が必要となり、長寿になれば、独居老人も増え、サポートする人も必要となる。外国人労働者が増えれば、国々の文化を理解するコミュニケー

写真２　高齢者の生涯教育

ションの場が必要となる。それらの環境整備も早急に求められている。

※１　リカレント教育：学校教育を人々の生涯にわたって分散させようとする理念である。本来の意味は職業上必要な知識・技術を修得するために、フルタイムの就学とフルタイムの就職を繰り返すことである。しかし日本では、リカレント教育を諸外国より広くとらえ、働きながら学ぶ場合、心の豊かさや生きがいのために学ぶ場合、学校以外の場で学ぶ場合もこれに含めている。

7　情報技術の進展が促す劇的変化

経済のグローバル化やインターネット社会が進展する中、世界は第４次産業革命に入ったと言われている。社会のあらゆる情報がデータ化され、ネットワークを通じて自由にやりとりを可能にするIoT※1（Internet of Things）、機械が自ら学習し、人間を超える高度な判断を可能にする人工知能AI※2（artificial intelligence）、多様かつ複雑な作業についても自動化を可能にするロボット技術の開発などが、私たちの生活に深く関与してくる。

これらの開発により、これまで実現不可能と思われていたことが可能となり、それに伴い産業構造や就業構造が劇的に変化すると考えられている。

またIoTやAI等の発展は、課題解決や新たな付加価値の創出・提供するための手段となり、競争力の源泉にもなると考えられている。

産業おいては、単なるモノの製造・販売、技術や品質の追求のみではない。各事業者が異分野連携等により垣根を超えたネットワーク化を図ることにより、新たなビジネスモデル（ソリューション・ビジネス）の構築が期待されている。流通業においても、「サービス化」が、BtoB※3、BtoC※4、CtoC※5、BtoG※6、DtoC※7などのソリューション・ビジネスを生み出しつつある。

2019年、国際情報通信技術見本市（CeBIT）において、日本の目指す産業のあり方として「Connected Industries」が提言された。そのコンセプトは、①人と機械・システムが協調する新しいデジタル社会の実現②協力や協働を通じた課題解決③デジタル技術の進展に即した人材育成である。

未来社会に向けて、人と機械、技術が国境を越えてつながり、新たな付加価値や製品・サービスを創出、生産性を向上させるソリューション・ビジネスを生み出すことが求められる。

そして、これらを通じて高齢化や人手不足への対応、環境・エネルギー制約などさまざまな社会的課題の解決に寄与することが期待される。

※1　IoT（Internet of Things）：モノのインターネットと訳され、モノがインターネット経由で通信することを意味している。例えば、離れたモノの遠隔制御や遠隔監視、遠隔計測、センサーを付けてのデータ収集が可能となる。

※2　AI（artificial intelligence）：人工知能の意味で、1950年代半ばから研究が始まった。コンピュータの目覚ましい発達を背景にし、学習、推論、認識、判断など，人間の脳の役割を機械に代替させせようという研究分野、あるいはそのコンピュータシステムをいう。

※3　BtoB（Business to Business）：企業間の商取引きのこと。企業が企業に対してモノやサービスを提供するビジネスモデルのこと。

※4　BtoC（Business to Consumer）：企業と消費者の商取引き（売買）のこと。コンビニ・スーパー・百貨店・ドラッグストア、旅行やホテルなど、普段個人として利用するものはすべてBtoC事業にあたる。AmazonやZOZOTOWN、楽天のようなEC事業（インターネット通信販売）もBtoC事業にあたる。

※5　CtoC（Consumer to Consumer）：消費者同士の間で行われる商取引きのこと。インターネット・スマートフォンの普及によってより推進された。メルカリやヤフーオークションなどを介して消費者同士が直接売買できるビジネスはまさに現代の特徴ともいえる。

※6　BtoG（Business to Government）：企業と官公庁、地方自治体などとの公的機関との商取引きや企業の公的機関向けの事業のこと。

※7　DtoC（Direct to Consumer）：メーカーが自らEC（インターネット通販）サイトをつくり、直接消費者に商品を提供するモデルのこと。今では、YoutubeやInstagramなどのようなSNS上で直接多くの消費者に宣伝することができるビジネスが急成長している。

2 今日的社会テーマとデザイン

1 サスティナブルデザイン

近代の科学技術の進展は、一方で大規模なエネルギーを消費する社会を生み出してきた。私たちが手にしている生活の利便性は、このような大量消費システムに支えられている。いまや環境問題は、世界中の共通テーマとなっている。持続可能な開発目標を掲げて、取り組む施策が急務となっている。

デザイン分野においても、製品の外観や機能面での配慮だけでなく、環境に配慮して、製品やサービスを設計することが重要である。製造段階で使用するエネルギーや水、廃棄物量の最少化や使用後にリサイクルしやすいこと、最終的な廃棄物の削減、物流の合理化、製品の長寿命化なども考慮しなければならない。

多くの産業でエコロジーデザイン※1（ecology design）や、リサイクルデザイン※2（recycle design)、エシカルデザイン※3(ethical design)が重要なテーマとなっている。

経済産業省を含む関係８省庁※4では、3R（リデュース・リユース・リサイクル）推進に対する理解と協力を求めるため、毎年10月を「3R推進月間」と定め、広く国民に向けて、普及啓発活動を実施している。

使い捨てプラスチック容器を廃止し紙容器への切り替え、ポリ袋の削減などがコーヒーチェーン店や外食産業、スーパーマーケットなどで取り組まれている。またメーカーでは、環境に負荷を与えず土中や海中で自然分解する素材、製品開発を行うケースも多くみられ始めている。

衣服デザインの分野においても、ファストファッション※5の台頭により、生産量の増加、着用期間の短縮、大量のごみ問題、多量の温室

効果ガスの排出など、環境・労働問題が大きく取り上げられている。

環境への負荷を少なくするため、人間と環境の関係を再考し、不用になった衣服をどのように資源に再生しうるかというテーマに、早急に対処する施策が必要である。（図３）いまやすべてのデザイン分野において、私たちはサスティナブルな視点を避けては前へ進めなくなっている。

図３　地球にやさしいロゴマーク

※１　エコロジーデザイン：エコロジカルな観点からのデザイン。「エコロジカル・デザイン」の著者であるシム・ヴァンダーリンは、自然環境をうまく利用して、エネルギーや資源の浪費をなくし、持続可能なサスティナブル社会を構築しようと考えた。人は誰でもデザイナーである。個人としても、生活のすべての局面で判断や行動をデザインし、環境に配慮しなければならないと唱えている。

※２　リサイクルデザイン：環境への負荷を最小限に抑える３Ｒデザイン手法のこと。Reduce（リデュース）：廃棄物の発生抑制…無駄な材料（資源）を減らし最低限に設計すること。Reuse（リユース）：製品・部品の再使用…繰り返し使用できるロングライフ設計にすること。recycle（リサイクル）：再生資源の利用…使用済みの製品（廃品）を資源として分解し再び活用できる設計にすること。

※３　エシカルデザイン：倫理的、道徳上、正しいと思っているデザインのこと。近年では､英語圏を中心に倫理的活動を｢エシカル（ethical)」と表現し、倫理的＝環境保全や社会貢献という意味合いが強くなっている。利潤を追求する企業活動においてもこの概念が求められるようになっている。

※４　関係８省庁：財務省、文部科学省、厚生労働省、農林水産省、経済産業省、国土交通省、環境省、消費者庁

※５　ファストファッション：最新の流行を採り入れつつ低価格に抑えた衣料品を、大量生産し、短いサイクルで販売するブランドやその業態のこと。日本のブランドとしては､ユニクロ、g.u.、しまむら、海外ブランドではGAP(米国)、フォーエバー21(米国)、H&M(スウェーデン)、ZARA(スペイン)などが代表的である。

2 地域の文化をデザインに

現在、アジア圏においても欧米のファッションデザインを基軸に若者文化が形成され、毎シーズン、ファッショントレンドとして流行し、市場を獲得している。

しかしアジア地域は、欧米とは異なる高温多湿の気候であり、ライフスタイルも体型も異なる。にもかかわらず欧米のファッションデザインを模倣した結果、自国の伝統産業や技術の世代継承がなされず、衰退の一途を辿っている現状がある。このような状況を踏まえて、アジア諸国の独自性や特徴あるファッションデザインを再考し、活用発信することが求められている。

日本の着物や中国のチャイナ服、韓国のチョゴリなどは、シンプルな形状でありながら、色彩や柄は華やかで、通気性が良く機能性にも優れている。アジア地域の特性を付加価値として、現代生活に適した商品企画を提案することがアジア諸国のファッションデザインの発展につながると考える。

国際交流の進展によるグローバリズムとは、それぞれの国や地域が独自性を発揮し交流し合うことにある。国際社会では、自国の文化に深い造詣をもっている人材こそ認められ評価される。アジア地域の伝統技術や文化を重んじ、アジア文化とファッションの教育・研究・活動を情報共有し、地域文化を大切に思うデザインを継承することが求められる。

3 人間中心のユニバーサルデザイン

現在、デザインのほとんどは、多数派（マジョリティ）とされる健常者や若者を対象に商品企画されている。多様性（ダイバシティ）や少数派（マイノリティ）を尊重する社会と言われている昨今、高齢者や障害者、外国人も含めたすべての人に配慮したデザインが求められている。社会環境においても、各種の交通機関・施設、建築や道路・公園などの公共空間は、誰もが便利に、快適に、安全に、使用できるように整備されなければならない。

車いす使用者が、町中の歩道を通ろうとした時、自転車が停められていて通れない場面を見かけることがある。また車いす使用者が喫茶店に入ろうとしたが、入り口に段差があり入れなかった。これらは、生活におけるさまざまな障壁で、これらの障壁を除去するバリアフリーデザイン（Barrier Free Design）が求められる。

バリアフリーデザインとともに、ユニバーサルデザイン（Universal Design）が生活の基準となる施策として推進されている。

ユニバーサルデザインとは、1980年代に米国ノースカロライナ州立大学のロナルド・メイス（Ronald L. Mace）氏によって提唱された概念である。それは、あらゆる年齢、性別、人種、国籍、障害の有無などにかかわらず、誰もが利用可能であるように、製品や建築、空間、サービス等をデザインしようとする試みである。

ユニバーサルデザインを実践していくには、「より多様な人々が利用できること」と「その製品は、使いやすく、美しく、安全・安心なデザインであること」を念頭に置き、5W2Hの手法（付録参照）で商品化を進めていくことが求められる。この概念を具現化するために、表1に提示した「ユニバーサルデザイン7原則」が参考になる。

ユニバーサルデザインの事例として、ドアノブよりも握りやすく回しやすいレバーハンドル、言葉が分からなくても理解しやすい絵文字（ピクトグラム）、シャンプーとリンスのボトルの違いをシャンプーの上部と横に切り込みを入れるなどがある。

ユニバーサルデザインは、日常生活の中での不便を解決するデザイン手法のことだが、もちろん、あらゆるものをユニバーサルデザインで解決することはできないし、使えない人はいる。しかしユニバーサルデザインの要素を加えることによって、多くのバリアを改善し、より多くの人が使えるものに改良することができる（写真3）。

ユニバーサルデザインの製品開発には、利用者の行動を察し、多様な利用者の参画から、計画・実施・評価・改善し、スパイラルアップして、より良きモノ・コトの実現化を目指すことが望まれる。

表1　ユニバーサルデザイン7原則

1.公平性	誰にでも公平に利用できること
2.自由度	使う上で自由度が高いこと
3.単純性	利用方法が簡単で直感的にわかりやすいこと
4.わかりやすさ	必要な情報がすぐに理解できること
5.安全性	うっかりミスや危険なことにつながらないこと
6.身体への負担の少なさ	無理な姿勢や強い力が必要でないこと
7.スペースの確保	使いやすい寸法や空間が確保されていること

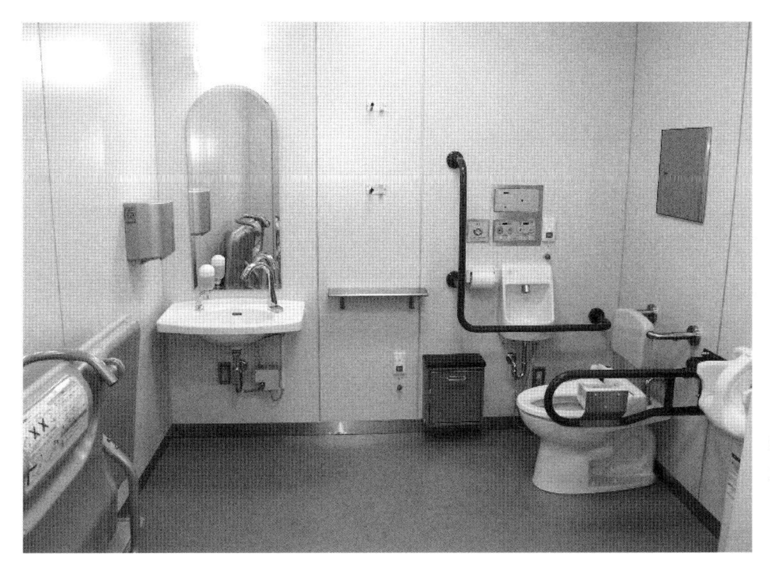

写真３　こうべ・だれでもトイレ
車いす対応・オストメイト対応・大型多目的シートもしくは標準設備としている「多機能・多目的トイレ」のこと

誰でもわかるピクトグラム

視覚障害者用エレベーターの各階表示

視覚障害者にやさしい点字ブロック

歩道橋のユニバーサルデザインは手すりや階段にも

UNIVERSAL
FASHION

第2章
ユニバーサルファッションのプロセスと手法

ファッション市場では、若者や健常者を対象に最新の流行を取り入れたデザインがほとんどである。しかし衣服を介して、自由に楽しく自己表現することは、すべての人にとって平等に与えられた権利である。年齢やサイズ、体型、障害の有無にかかわらず、ファッションを楽しめるユニバーサルファッションのデザインプロセスと視点について考える。

1 社会性の視点とビジネス視点

1 ユニバーサルファッションの社会性

現在、ユニバーサル社会の実現を目指して、生活の質向上に役立つ新たな製品の開発、サービス分野の改革を軸に新しい市場創造への取り組みが進められている。

ファッション産業界においても「バリアフリーデザイン」「ユニバーサルデザイン」の視点から、「ユニバーサルファッション」の商品開発が求められている。

ユニバーサルファッションとは、「年齢や性別、障害の有無にかかわらず、すべての人が快適に生活できるファッション環境を実現する」ことである。すなわち、ユニバーサルファッションに求められる課題は、すべての人が満足できるファッション商品の開発とすべての人が安心して平等に商品を選択・取得できる市場を開拓することである。

現在の高齢者対応の衣服は地味なものが多く、画一的である。特に障害者対応の衣服は介護衣料という捉え方で、エプロンやおむつ、肌着、パジャマなどのインナーウェアやホームウェアといったアイテムに限定され機能性中心のデザインとなっている。ファッション性や楽しさなどを考慮した衣服といえば、既製服を一部リフォームするか、オーダーしなければならない状況である。同じ衣服であるにもかかわらず、一般商品・若者向け商品と高齢者用商品・介護衣料の選択の幅に大きな隔たりがある（図 1）。

ユニバーサルデザイン 7 原則をユニバーサル

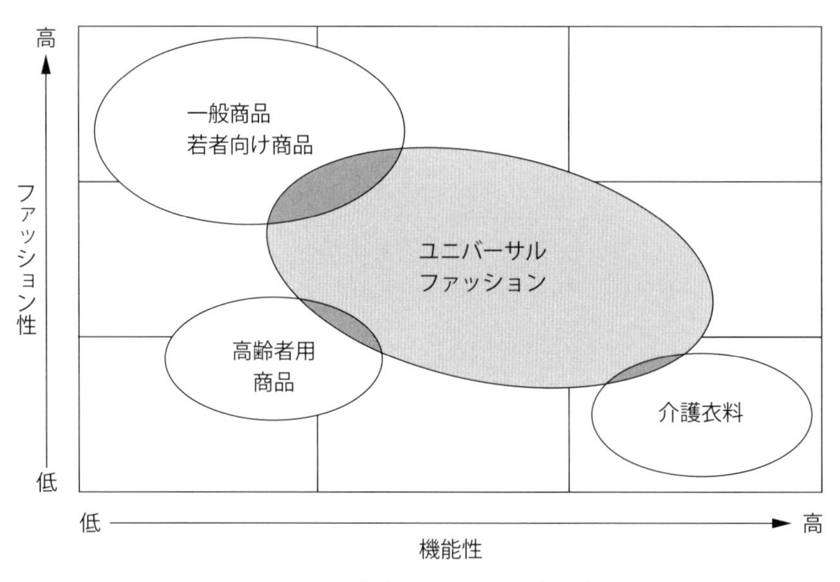

図 1　ユニバーサルファッションの位置づけ

ファッションに置き換えて考えると表1のようなデザインの視点が考えられる。これらの視点を活用したおしゃれで快適な衣服設計やデザインが望まれる。

そこへのアプローチは、前章で述べたように社会性の意義だけではなく、ビジネスとして成立させる条件も考慮しなければならない。

2 拡大する高齢者市場

現在ほとんどの人が既製服を着用している。しかしこれらの大半は、健常者の体型や若者の感性を中心に考えられたデザインであり、身体機能が低下した人に配慮されたデザインとは言い難い。

市場においても若者のファッション商品ばかりが短サイクルで、過剰なほど供給されているのに対し、高齢者や障害者の衣服は選択の幅も少なく、デザインやサイズに関しても多くの不満があげられている。商品のあり様と同時に販売環境の見直しが必要となる。

「ユニバーサルファッション」が今後、どうしてファッション産業に重要な要素としてあげられるのか。

今後さらに進む高齢社会において、高齢者のライフサイクルも変化する。平均寿命も延び、退職後の20〜30年もの長い生活を、第二の人生として計画していかなければならない世代となる。

つまり、高齢者が市場領域として成長拡大する時代に入っており、現在の需要構造が変化すると予測される。

本来ファッションとはすべての人に平等に与えられた生活文化であり、暮らしの豊かさを創造する楽しい行為である。現状のファッション商品の企画・生産・販売体制を再度検討し、すべての人が平等に衣服を選択できる市場創造が早急に望まれる。

表1　ユニバーサルファッションの7原則

ユニバーサルデザイン7原則	ユニバーサルファッションのデザイン視点
1. 公平性：誰にでも公平に利用できること	・だれもが着れる ・だれもが購入できる
2. 自由度：使う上で自由度が高いこと	・サイズ調整ができる ・前後、左右、裏表の着用ができる
3. 単純性：利用方法が簡単で直感的に分かりやすいこと	・簡単に着脱できる ・簡単なデザインである
4. 分かりやすさ：必要な情報がすぐに理解できること	・視認性が高い ・前後、左右、裏表が分かりやすい
5. 安全性：うっかりミスや危険なことにつながらないこと	・安全安心である ・役立つ工夫がある
6. 身体への負担の少なさ：無理な姿勢や強い力が必要でないこと	・体型に合っている ・着やすい・着せやすい
7. スペースの確保：使いやすい寸法・空間を確保すること	・使いやすい付属品を活用する ・適切なゆとり感を持たせる

2 ユニバーサルファッションの効果

1 装う行為が心身を活性化させる

私たちは、「生涯、人間として尊厳をもって生きる」という願望がある。そのためには健康で自立して生きる必要がある。健康とは、単に病気や虚弱でないというのではなく、精神的、社会的にも良好な状態にあることを意味する。そのためには心身ともに健全な生活を心がけることが大切で、快適な衣生活を営むことは、健康に生きることへの大きな足がかりとなる。

現在、ユニバーサル社会が進展する中、高齢者・障害者の社会参加の機会も増え、彼らのおしゃれへの関心も高まっている。高齢者が関心をもっているおしゃれは、男女ともに外出時であり、多くの高齢者が身だしなみに気をつかっているという報告がある。また日中、ねまきから洋服に着替える試みを行なった施設では、装うことが緊張感を生むためか、高齢者が目に見えてイキイキしてきたという報告もある。服装や身だしなみに関心を向け、おしゃれに装うことが心理的によい影響を与えているのだろう。

「高齢者保険福祉推進10か年戦略（ゴールドプラン)」（1989年）の柱のひとつである「寝たきりゼロへの10ケ条」（表2）の中でも、衣生活の行為が寝たきりを防止する重要な要素であることを示している。「第4条　くらしのなかでの リハビリは 食事と排泄 着替えから」「第5条　朝起きて まずは着替えて 身だしなみ 寝・食分けて 生活にメリとハリ」「第6条　手は出しすぎず 目は離さず が介護の基本 自立の気持ちを大切に」「第9条　家庭でも社会でも よろこび見つけ みんなで防ごう 閉じこもり」と、10項目中4項目が衣生活に関与している。

「快適な衣生活」を営むこと、すなわち、ユニバーサルファッションを普及させることにより、次のような効果があると考える。

表2　寝たきりゼロへの10ヶ条（1991年　厚生省老人保健福祉部）

第1条	脳卒中と骨折予防　寝たきりゼロへの第一歩
第2条	寝たきりは　寝かせきりからつくられる　過度の安静　逆効果
第3条	リハビリは　早期開始が　効果的　始めよう　ベットの上から　訓練を
第4条	くらしのなかでの　リハビリは　食事と排泄　着替えから
第5条	朝起きて　まずは着替えて　身だしなみ　寝・食分けて　生活にメリとハリ
第6条	「手は出しすぎず　目は離さず」が介護の基本　自立の気持ちを大切に
第7条	ベッドから　移ろう移そう　車いす　行動広げる　機器の活用
第8条	手すりつけ　段差をなくし　住みやすく　アイデア生かした　住まいの改善
第9条	家庭でも社会でも　喜び見つけ　みんなで防ごう　閉じこもり
第10条	進んで利用　機能訓練　ディ・サービス　寝たきりなくす　人の和　地域の和

2 残存能力の活性化

衣服の着脱は、少なくとも一日に数回は行なう。さらに排泄行為で下着の着脱の頻度が増える。日常生活の中で最も全身の筋力を使う行為であり、着脱行為を繰り返すことは、身体機能のリハビリテーションにもつながる。

すなわち、毎日、衣服の着脱行為を繰り返すことにより、腰や肩の筋肉や手指が活用され、運動機能が保たれる。残存能力が活かされ、二次的障害を未然に防ぐことも可能になる。衣服の着脱を自ら行なうことは、高齢者・障害者の自立と尊厳を促し、生きることへの自信にもつながる。高齢者・障害者の残存能力を考慮しながら、周囲の人々が着用者の衣生活の工夫を考えることが望まれる。

3 QOLの向上

QOL（Quality of Life: 生活の質）を高めるためには、生活を楽しむ行為が必要である。生活が楽しいと、気持ちにハリができそれが生きがいとなり心身ともに健全になる。

私たちは、好きな衣服で身を装うと、誰かに見せたくなり、外出したくなる。また同じジャケットでも、インナーのシャツの色やネクタイを変えるだけで、気持ちがリフレッシュすることがある。

それによって周りとのコミュニケーションの機会も多くなり、向上心も生まれる。衣服を選び着る行為は、自己決定の表われで、自己実現の表われでもある。おしゃれは自己の楽しみであるとともに、生活の質を高める重要な要素である。

4 社会参加の促進

衣服が備えなければならない要素や役割には二つある。一つは暑さや寒さなどの対処や快適で着心地が良いといった「機能性」。もう一つは、「他者に対する表現手段」としての役割である。これは社会的関係を築いていくうえでの重要な要素である。

つまり、私たちは衣服を介して社会に参加しているといえる。装うことは、社会に対しての自己表現でもあり、他者とのコミュニケーションを楽しむための媒介物でもある。

入学式、結婚式、旅行、ショッピングなどさまざまな生活場面に合わせて衣服を選択し着装するが、高齢者や障害者がその行為を成すことに不利益があってはならない。

ユニバーサルファッションの開発は、社会参加の促進を図る上で大きな効果を生み出すものである。

ファッションはいくつになっても楽しめるもの

3 ユニバーサルファッションのデザイン視点

1 衣服設計までのプロセス

図２は、ユニバーサルファッションのデザインプロセスと手法を示している。

まず高齢者・障害者を取り巻く社会環境を分析する。次に着用者を把握するため、日常生活に関する問題点や要望を抽出する。その際、着用者の生理機能や運動機能の要因である身体的機能面と気持ちや嗜好、着心地などの要因である心理的要求面をヒアリングし、衣服に求められるデザイン要素を導き出し、具体的に衣服設計に展開していく。さらに着用時に試着調査を必ず行ない、どの箇所が快適で、どの箇所に問題があるのかを評価し修正を行なう。問題のある部分は次回の検討事項とし、今後すべての人にやさしい衣生活環境のあり方へ持続展開させていくことが重要となる。

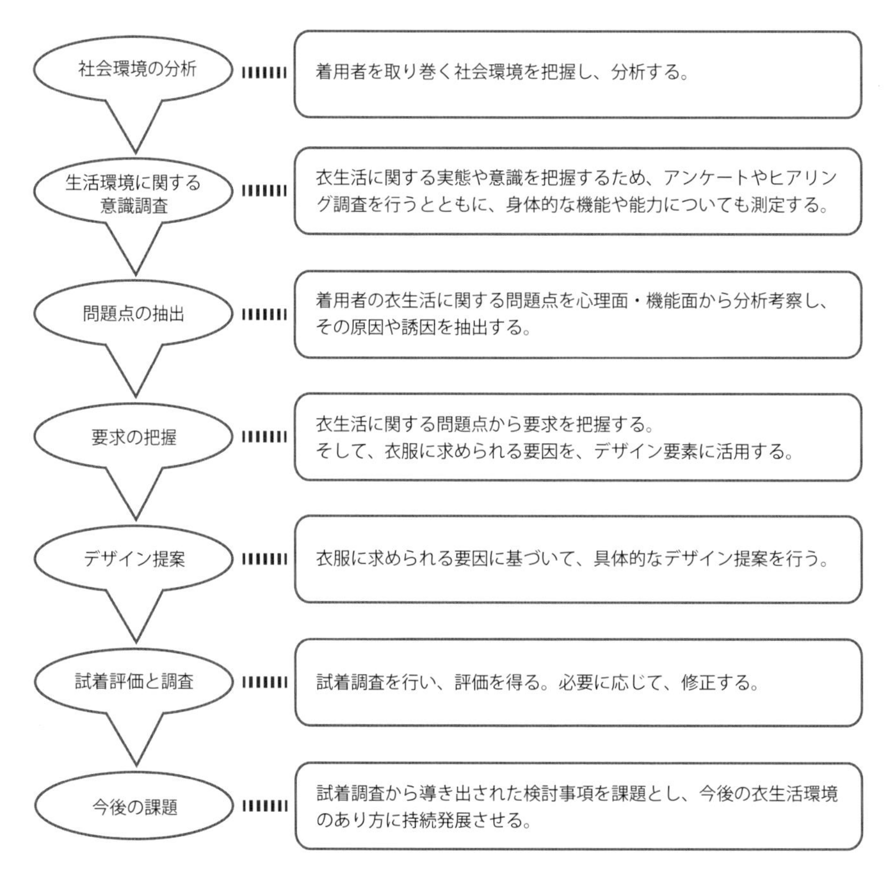

図２　ユニバーサルファッションのデザインプロセス

2 デザイン視点

衣服は、人間と社会環境の間に生涯存在するものである。衣服をデザインするには、必ず人間と社会環境との関係性をよく理解し、提案することが大切である。

ユニバーサルファッションの衣服設計プロセスを踏まえて、デザイン展開を試みるための視点を以下に示す（図3）。

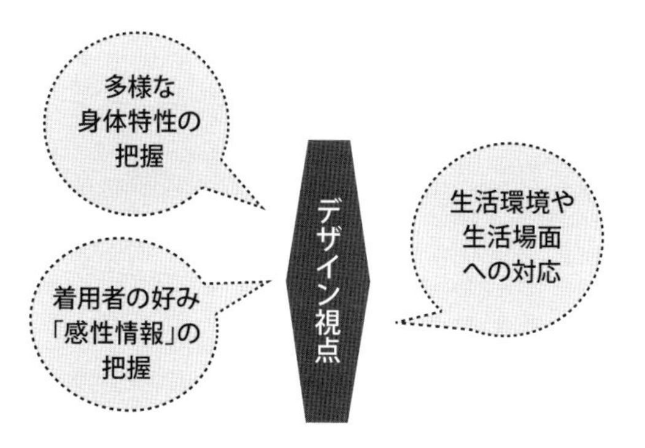

図3　ユニバーサルファッションのデザイン視点

① 多様な身体特性の把握

ユニバーサルファッション実現のためには個人個人が異なる身体特性であることを理解する必要がある。

高齢者は加齢とともに、障害者は障害の程度により身体の生理・運動・感覚機能が低下する。また体型や姿勢が変化することもある。それによって既製服が体型に合わなくなったり、手指や足の巧緻性の低下により腕が上がりにくく手先でボタンが留められない、ファスナーの先の留め金がつかめない、パンツがはきにくいなど衣服の着脱に支障をきたす場合も多くなる。さらに体温調整能力が低下し風邪をひきやすくなったり、免疫力低下のため肌がかぶれやすくなることもある。

このような身体特性に合わせて、これらを補う機能を衣服デザインの中に取り入れることが大切である。

着用者の体型や姿勢をよく観察し、日常生活の自立度や残存能力を考え、着用者にとっても介護者にとっても共に最小の労力で着脱できるデザインの工夫がなされていなければならない。

② 着用者の好み「感性情報」の把握

着用者は個々に身体状況が異なり、ファッションの好みも多様である。

着用者の好みや好きなイメージを衣服デザインに取り入れることにより、すべての人が衣服を楽しく着ることができる。衣服の素材や色、柄、フォルムは、着用者のイメージに大きく影響する。

しかし現実は、ファッションの主要素である「嗜好性」の分野が後れていると考える。着脱しやすい機能性と併せたデザインテイストの幅が少ないが、トラッドやエレガント、きれいめカジュアル、ガーリー系といった好みなど、フッションを楽しみたいと思う気持ちは健常者と同様である。今後、高齢者・障害者も含めた平等なファッション市場の整備が産業に求められている。

人間固有のモノづくりの基本は、一人ひとりの分析から成り立つ。ユニバーサルファッションを実現していくためには、人の体型、運動機能、生理状況とともに感性情報を知り、生活行動に則した諸特性を関連的に捉え、デザインすることが基本となる。

③ 生活環境や生活場面への対応

着用者の生活環境を十分理解した上で、生活場面に合わせた快適な衣服デザインを考えることが大切である。目的や場面、なぜそれが必要なのかを、5W2H（付録参照）から考える。

住居形態は戸建か共同住宅か。日常どこで生活しているのか。外出先はどこが多いのか。誰と暮しているのかを把握し、着用者の生活している環境に合わせた衣服提案でないと効果がない。私たちは、病院や施設の入所者を見ると、つい屋内で生活しているととらえがちである。 しかし入所者にとっては、施設内すべてが社会環境なのである。自室を出ると廊下が道路であり、食堂がレストランであり、リビングルームが文化教室であるかもしれない。当然、着替えもおしゃれも必要である。

高齢者にとっては、お墓参りと通院は定期的な行事であり、冠婚よりも葬祭への出席が多くなる。友人との交流、訪ねてくる子や孫とのふれ合い、ガーデニングなど、生活場面は決して狭くはなっていない。身体機能の低下により、行動範囲が日常生活中心となっているだけで、生活場面は逆に多彩になっている。生活場面の実態を正しく認識することが、適切な衣服デザインの提案につながる。

音楽を楽しむシニアたち（パリ）

会話が弾むホームパーティ

ガーデニングは心の癒し

自然と触れ合うトレッキング

COLUMN

ファッションに無縁な男の独り言

田中 幸夫

2015年「神様たちの街」というドキュメンタリー映画を作った。主人公はもちろん見寺貞子教授だ。

私は見寺さんとの出会いでユニバーサルファッションを知った。20世紀初頭、ココ・シャネルに代表されるデザイナーたちによって、女性はコルセットの呪縛から解放された。言わば男性から見た望まれる女性という概念が打ち壊されたのだ。個の自立、性別の壁を破る一撃だった。つづくファッションの流れは、民族、年齢、障害の有無など、様々な壁を取払い進化していった。ジャン・ポール・ゴルチェの店舗では客を男性女性で区別しない。将に、ファッションは時代の映し鏡であり、思想の体現なのだ。

では今後のファッションはというと、様々な壁を超えた真の多様性を具現するものになるのだろう。それらの総称をユニバーサルファッションと定義してよいのではないか。これが素人なりの私の考えだ。

芸術に於いては「神は細部に宿る」と言われる。見寺さんは実によく人の話を聞く。老若男女あらゆる人たちの思いに分け入り、その小さな声を摑み取り、服作りの養分にしている。人が服に着られるのではなく、人が服を着る、その至極真っ当な揺るがぬ信念が見寺さんを支えている。

「神様たちの街」ではファッションを通しシニア世代が輝く姿と見寺さんのフランクでフラットでフレンドリーな人品を描いた。以後、中国、韓国などアジアを駆け巡る見寺さんの同行取材を重ねている。だからこそ、確信をもって言えることがある。見寺さんは“正解”に必ずや辿り着くだろうということだ。

おしゃれを通して人が明るく元気に楽しく生きる・・・、それは、個の自由と平等の証でもある。格差・貧困・差別が渦巻く世界でマイノリティ問題をテーマ・題材に映像制作を続ける私は、見寺さんの道程からまだまだ目が離せないでいる。

田中幸夫さんプロフィール
映画監督、独自なテーマ・題材の作品を様々な映像分野で作り続ける。
劇場公開：「未来世紀ニシナリ」（キネマ旬報3位）
「凍蝶圖鑑」（パリ・NY・東京）「神様たちの街」（フランクフルト映画祭）
「徘徊　ママリン87歳の夏」（ゆふいん映画祭）
テレビ：NHK「タクラマカン砂漠横断探検」「阪神淡路大震災三部作」
「ハロー・ニッポン」MBS「世界聖地巡礼（インド・アフリカ）」
など多数

UNIVERSAL FASHION

第3章
シニアのおしゃれ学

高齢者人口の増加や平均寿命の延び、生活の質向上などに伴い、中高年者たちのファッションへの関心は一層高まっている。シニアのおしゃれの基本は加齢による身体変化を上手にカバーすることと、若い人にはない「年を重ねたなりの魅力」をつくることにある。おしゃれに装うための要素を学ぶ。

1 いつまでもおしゃれな女性でありたい

1 高い「健康」「ファッション」への関心

近年、生涯教育でも高齢者のおしゃれ講座が開催されたり、高齢者に向けたファッション雑誌の発刊やシニア世代※1のファッション・スナップサイトなどがHPで紹介されている。またシニアファッションショーへの関心が高まり、各地域で開催されている。

内閣府が全国の60歳以上の男女を対象に行った日常生活に関する意識調査（平成26年度）では、「おしゃれをしたい」シニアは過去15年間に16％も増加し、関心のない人は約20％も減少したことが報告されている。

また全国の中高年者（50歳～79歳）の男女1000名に対し、現在、関心があることを聞いたところ「健康」が約70％と最も多く、次いで「旅行」「お金・財産」「グルメ」「政治経済」があげられた。そして女性の方は「健康」や「美容」「ファッション」に関心が高く、中高年女性はいつまでも健康で美しく、おしゃれでありたいと思っていることが示された。

2 第一印象は視覚情報から

メラビアンの法則とは、アメリカUCLA大学の心理学者のアルバート・メラビアン氏が、1971年に提唱したコミュニケーションに関する概念である。この研究は、好き・嫌い・どちらでもないをイメージさせる言葉を設定し、視覚・聴覚・言語表現にそれぞれのイメージを、言葉と顔写真で用意し、組み合わせを変えながら評価する調査実験である。

その結果、相手の意図を判断する時に重要視された要素は、視覚情報が55%、聴覚情報が38%、言語情報7%となった（図1）。言語情報以外を、非言語コミュニケーションと言うが、人はいかに、コミュニケーションをとる際に、容姿や仕草、話し方（声やトーン）といった言語

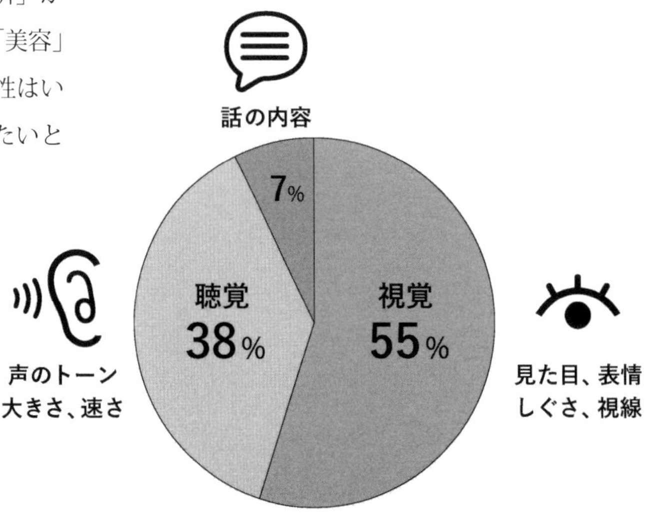

図1　メラビアンの法則

ではない要素を重要視しているかがうかがえる。

相手に何かを伝え、理解してもらうためには、容姿や仕草（身振り、動作、態度、所作）が重要な要素となる。人物の第一印象は、初めて会った時の３～５秒で決まるとも言われ、その情報のほとんどは、視覚情報と聴覚情報から得ているのである。つまり、おしゃれな女性を目指すには、まずは視覚的・聴覚的要素を身につけるよう実践しよう。

3 多様な「おしゃれ」の意味

では、そもそもおしゃれとは、どのようなイメージなのだろうか。日本語では「おしゃれ」という言葉をひと言にまとめてしまうが、英語では、Fashionable、(ファッショナブル)、Stylish (スタイリッシュ)、Claasy (クラシー)、Sophisticated(ソフィスティケイティッド)など、さまざまな表現がある。

次頁表1のおしゃれの意味を読んでいただき、こうありたい自分を頭の中で想像しよう。「流行を先取りしているファッショナブルな私」「上級感あるクラシーな私」「洗練されたソフィスティケイティッドな私」など、さまざまな私を表現できる。しかし高齢者に質問をしてみると、「おしゃれに関心はあるが思っているだけで実行していない」「似合うものやコーディネート方法が分からない」という声が多い。

日本では年齢を重ねた女性は、「おばさん」という代名詞で呼ばれ中性的存在として見られる傾向にある。このイメージから脱却するためには、「高齢者の私」を客観的に捉え、問題点を抽出し、おしゃれに見える対策を考えることが重要である。おしゃれな人たちのスタイルを学びながら「こうありたい自分」を作り上げていくことも、その対策の一つである。

シニアのおしゃれ学の基本は、老化による身体的特徴をカバーすることである。人間は年齢を重ねていき、生涯を終える。「昔は良かったなぁ」「若い頃は、綺麗と褒められた」という声をよく聞くが、今さら昔には戻れない。過去の栄光は忘れて、年を重ねたなりの魅力をつくるために、今を磨くことを考えよう。

まずは、現在の自分の身体的特徴を把握し、おしゃれに必要な要点を整理することから始めよう。

※1　シニア世代：WHO（世界保健機関）では高齢者を65歳以上と定義付けている。シニアも同様だと思われるが、明確な基準はない。近年では、老人など年齢を強調した表現を避け、「より経験豊かな」といった価値表現を用いる傾向にある。

表１「おしゃれ」を意味する英語

	英　語	意　　味
1	Fashionable （ファッショナブル）	「おしゃれ」の基本英語。「流行にのっている」「今っぽい」というニュアンスで使う。「fashion」の「流行」「流儀」という意味から派生した表現。 She is very fashionable.（彼女はとてもおしゃれです）
2	in fashion （イン・ファッション）	「流行っている」という意味。This coat is in fashion for this season.（このコートは今年の流行りです）
3	in style （イン・スタイル）	「in fashion」に似た表現。元々の意味は「流行の」で、そのニュアンスで「おしゃれ」の意味でも使う。単に「流行りの」というよりは「派手」や「立派な」というニュアンスが含まれる。He lives in style.（彼はオシャレな生活をしています）
4	Stylish （スタイリッシュ）	「センスを感じる」「流行の」「粋な」「洗練された」という意味がある。 He is a very stylish person.（彼はとてもおしゃれな人です）
5	up to date （アップ・トゥー・デイト）	「最新の」「今流行している」「現代的な」という意味。特に「最新である」ことを強調したい場合に使う。Her fashion is up to date.（彼女のファッションは最新のおしゃれだ）
6	Claasy （クラシー）	「上級」や「上品」というニュアンスがある表現。 Your dress looks classy.（あなたのドレスは（高級そうで）おしゃれです）
7	Sophisticated （ソフィスティケイティッド）	「洗練された」「教養がある」「都会的な」「垢ぬけた」という意味。 The lady has sophisticated beauty.（その女性は、洗練された美しさがある）
8	Chic （シック）	「上品」「粋」という意味のフランス語から派生した言葉。この単語も「垢ぬけた」という意味があり、大人っぽい上品な「おしゃれ」のこと。 Your hat is chic.（あなたの帽子はおしゃれ！）
9	Cool （クール）	「すばらしい」や「素敵」という意味の「おしゃれ」でよく使う表現。 It' s very cool!（それ、とてもおしゃれ！）
10	Fancy （ファンシー）	アメリカでは「高級な」「豪華な」という意味があり「おしゃれ」という意味でも使う。ただし「fancy dress」は、イギリスで「コスプレ」を意味し、「おしゃれ」の意味ではないので要注意。「fancy dress party」は「コスプレ」で行くパーティーのこと。 Your dress is very fancy!（あなたのドレスはとても（豪華で）おしゃれ！）
11	dress up （ドレス・アップ）	パーティーや行事のために正装をする時に使う表現。劇やハロウィンなどの仮装もこの「dress up」を使う。「dress up」は、日常のおしゃれではなくイベント事などで特別に「正装」をするという意味で使う。She dressed up for the party.（彼女はパーティーの為におしゃれしました）

2 「高齢者の衣生活」その問題点と対策

1 まずは「身体特性」を知る

高齢者とは、65 歳以上の人を対象としている。65 ～ 74 歳を前期高齢者、75 歳以上の人を後期高齢者という（国連の世界保健機関：WHO)。高齢者は、老化によって生理機能の低下が生じ、さまざまな身体特性が現れ、個人の特徴、生活習慣、精神的ストレスにより、個人差があり、一般的には 40 代後半頃からそれらの現象が目立ち始める。

生活の中での目に見える老化現象は、新聞などの細かい字が読めないといった視力調節障害（老眼）、白髪になる、女性における更年期障害、閉経などがある。

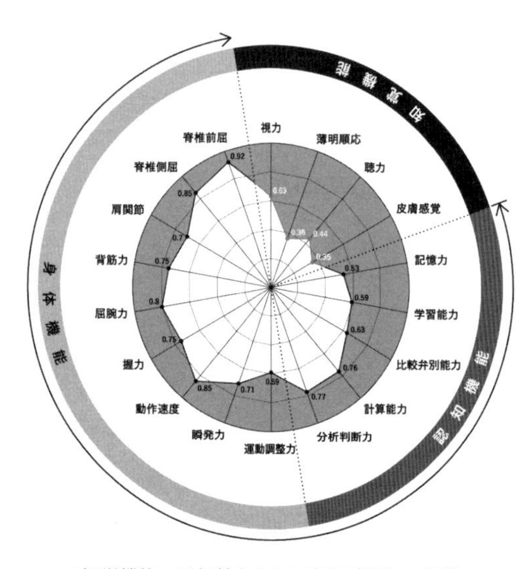

[知覚機能」は年齢とともに衰えが見られるが、
「認知機能」「身体機能」は日々の意識付けやトレーニングが
可能なことから衰えが少ない。

図 2　高齢者の身体特性

老化は、物理的な加齢という単純なものではなく、生理学的には加齢による体型の変化、脳組織や心臓、肝臓などの内部機能の低下、免疫系機能の低下、感覚的機能の低下、知的機能の低下などがあげられる。

そのため、住宅内での転倒事故や外出時の交通事故に遭いやすく、被害者だけでなく加害者にもなりやすい。現在、高齢化に伴い、認知症高齢者も急増している。

図 2 は、高齢者の身体特性を表したものである(外円が若者､内円が高齢者を示している)。｢知覚機能」は年齢とともに衰えが見られるが、「認知機能」と「身体機能」は、日々の意識づけやトレーニングが可能なことから衰えが少ないことが読み取れる。

心身の健康をシニアのおしゃれ学を通じて、トレーニングしてほしい。

2 体型変化による問題点と対応

さまざまな身体特性が表れる高齢者と衣生活について、その問題点と対策を考えてみよう。個人個人により問題点は異なるので､第 5 章「ユニバーサルファッションの工夫」で示す具体的なデザイン提案を参考として、個々に合わせて衣生活に取り入れることを推奨する。高齢者は加齢に伴い、身長や手足が縮む、円背姿勢になる、腰が曲がる、ウエストが太くなる、下腹部が出てくる、などの体型変化が表れる（図 3)。

そのため、立位姿勢でサイズバランスが決まっている既製服を着用すると体型に合わず、美しく装うことができなくなる。

その対応として、既製服の丈や幅、周囲長を体型に合うように修正し、身体特性に合わせる工夫を試みる（第５章 身体に合わせる工夫参照）。

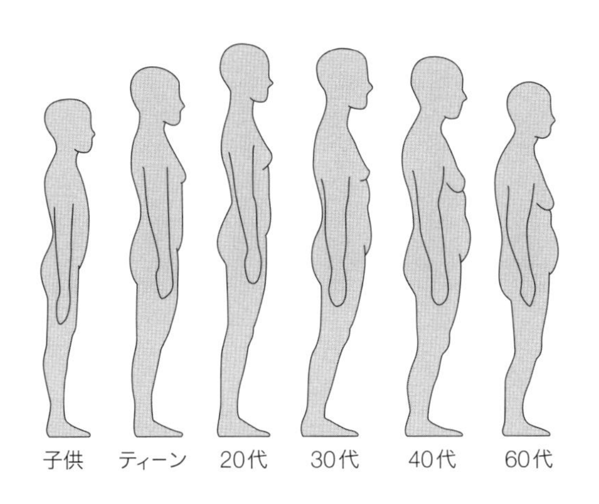

図３　加齢による体型の変化

3 生理機能の低下による問題点と対応

生理機能が低下すると、「温度調整ができにくく風邪をひきやすくなる」「抵抗力が低下し皮膚が弱く敏感になる」「耳が遠くなる」「目が見えにくくなる」「頻尿・失禁しやすい」などの現象が現れる。

その対策として、体温調節しやすいデザインや使いやすいデザイン、肌に優しい素材を使用するなどの工夫を試みる（第５章 生理機能に合わせる工夫参照）。

4 運動機能の低下による問題点と対応

運動機能が低下すると、動作や手足・指先の動きが緩慢になることが多い。その対策として、動作を妨げないゆるみやデザイン、着脱しやすい付属品の使用、軽い素材を着用するなどの工夫を試みる（第５章 着脱しやすい工夫参照）。

3 素敵に歳を重ねる

1 おしゃれに装う基礎知識

シニアのおしゃれ学の基本は、老化による身体特性を補うファッションを目指すことである。衣服は、素材と色･柄、形型（シルエットとディテール）から構成され制作されている。シニアのおしゃれ学で活用できる要点を以下にまとめる。

① ライフスタイルに合わせて楽しむ

ライフスタイルとは、「生活様式」とも訳されるが、ファッションではそれぞれ個人の趣向や価値観に基づいた「暮らし方・過ごし方」、あるいは自分らしさを表現する「生き方」にまで発展したあり様を指す。

私たちは生活における行動や目的、ＴＰＯ（Time: 時、Place: 場所、Occasion: 場合）に合わせて衣服を用途別に着用している。一般的にはオフィシャルライフ（社会生活）とプライベートライフ（個人生活）に分類される（図４）。

オフィシャルライフでは、社会との関係調和を図るためのフォーマルウェア、ビジネスウェア、キャンパスウェアなどを着用し、プライベートライフでは、日常的な生活全般で着用するタウンウェア、スポーツウェア、ワーキングウェア、リラクシングウェアなどがある。

高齢になれば退職し、プライベートな時間が大半を占めるようになる。自分のために使える時間をどう過ごすのか。新たなライフステージで、自分らしさを表現することが問われる。特に、地域活動や趣味サークルへの参加は、ファッションへの関心を高めるひとつのきっかけになる。

シニアのおしゃれ学は、「素敵に歳を重ねる」ことにある。どのようなファッションを身にまとうのかが重要な要素になる。

② 美しい姿勢と笑顔がおしゃれの基本

高齢者の生活の質向上に伴い、健康を保つだけではなく、若く見せたい、おしゃれになりたいと思う意識は、誰しもが抱くごく自然のことである。しかし、高級な服や流行のファッションを着ていれば、おしゃれに近づくというものではない。

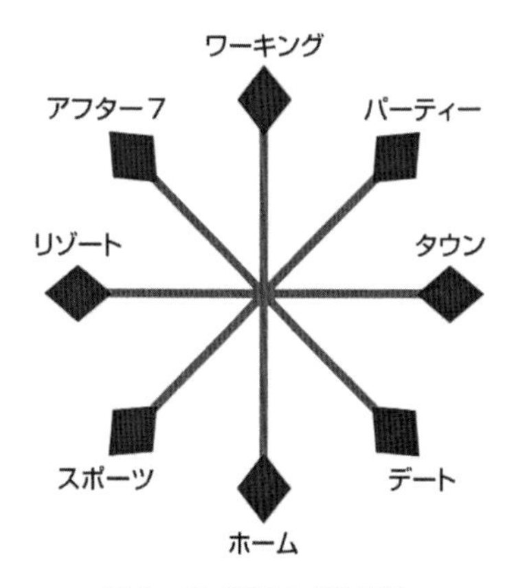

図4　ライフスタイル分類

市場で販売されている既製服は、姿勢の美しいボディを基本にデザインされている。つまり、衣服が最も美しく見える姿勢は、ボディのような立ち姿と歩き姿がきれいに整い、背筋が伸びた状態によってつくられる。そして着た時の笑顔。背筋を凛と伸ばし、おしゃれに装う。

高齢になれば、体型や姿勢が変化し、円背姿勢の人が多くなる。衣服をおしゃれに美しく着こなすためには、日常生活の中で「健康活動」と「スタイル・見た目・美しさ」に関心を持ち、まずは自分を磨くことから始まる。

③ 若々しく見える色の使い方

メラビアンの法則でも、人は、容姿や仕草（身振り、動作、態度）、話し方（声やトーン）といった非言語コミュニケーションが重要であると伝えたが、中でも色は、人のイメージを表す最も大きな要素である。

私たちは色を見ると何かを連想する。色から受けるイメージは人によって異なるが、大まかには一定の傾向がある。また色は五感と共感することが多く、色の知覚感情には、軽量感、硬軟感、強弱感、温度感があり、その他、色聴、色味、色香などのイメージがある（付録参照）。

私たちは、加齢とともに、顔色が悪くなったり、表情も暗く見えがちである。健康的に若々しく見せるには、顔の近くに明るい色を使用するなど、色のもつイメージを効果的に活用することが重要となる。トップスに明るい色のジャケットやブラウス、セーターを着る。明るい色に抵抗があれば、中に明るい色のセーターやブラウスを着るのもよい。

襟元に華やかな色のスカーフやストールを巻いてポイントにするのもよい。ピンクやオレンジ、赤、ワインなどの暖色系は、顔色を明るく見せ、ブルー系は、清涼感を表現し、グリーン系は、ナチュラルに都会的にイメージを表現することができる。多色カラーを使うと活動的に見える。つまり、トップスに明るい色を着用し、ボトムスには落ち着いた色を合わせるというコーディネートが効果的である。夜の外出時、安全面からも明るい色を身に着けることが効果的で、高齢者の事故軽減にもつながる。

海外では、加齢とともに明るい色の衣服を着ている人を多く見かける。いかにおしゃれで健康的に見えるかを考え実践しているのである。顔色が明るく健康的に見えることは、相手に好感を与える。さらに背筋を伸ばし、歩き方や動作までも意識しておしゃれを楽しむように心がけてほしい。

口絵図３は、日常よく用いられるカラーコーディネート法とそのイメージである。色の三属性やトーン、色の配色分量をうまく活用し、服飾美における効果のある配色を身につけることが大切である。

④ 柄を使って個性を表現

衣服をコーディネートする場合、柄をアクセントに使うことにより、さまざまなイメージを表現することができる。例えば、花柄や水玉はやさしくソフトな印象を、ストライプや幾何柄はモダンでシャープに、チェックやペーズリー柄は落ち着いて見え、動物柄は個性的に見える。

また柄の大きさによってもイメージが異なり、小さい柄はやさしく、大柄は大胆で強いイメージを与える。柄のイメージを知り、自身の好きなイメージを創り、表現してほしい（図５)。

⑤ 体型カバーはシルエットでできる

衣服の形体には、主に図６のようなシルエット(衣服の外形)とディテール(細部のデザイン)の二つがある。これらの組み合わせにより、多種多様なデザインが表現される。シルエットは衣服の流行と深い関わりがあり、シルエット変化の要因には、着丈、肩幅、ゆるみ分量、切り替え線などが関与する（付録参照)。

高齢者の身体的特徴として、若い頃より太くなった、くびれがなくなった、という人が多い。ウエストとヒップを目立たなくするシルエットとして、ストレートラインやＡライン、バルーンラインを推奨する。近年は、ナチュラルテイストやゆとりのあるデザインが多く販売されており、高齢者も着やすくおしゃれなファッションを楽しめる時代となった。

⑥ 服飾小物でおしゃれ度アップ

高齢者の身体的特徴をカバーするのが、服飾小物の活用である。

日常生活で帽子やアクセサリー、スカーフ、サングラスなど服飾小物を何気なく活用すると「大人のおしゃれさん」に見える。また光沢のあるネックレスやイヤリングを付けることにより、くすんだ顔色をカバーし、華やかに見せることが可能となる。日常身に付けているメガネも、カラーレンズやフレームを変えるだけで、目の周りのしわが隠れおしゃれに見える。また帽子やターバンは、くせ毛を隠し、ハイネックは首のしわを隠すアイテムとなる。

服飾小物を上手に活用することにより、体型変化をカバーすると同時におしゃれ度アップの一石二鳥の効果がある。

近年、ヘアカラーのバリエーションやウィッグ、部分ウィッグなど多種類のものが市販されている。髪の毛の状態に合わせて活用したり、イメージチェンジを楽しみたい時に活用するとよい。指先に塗られているネイルも、見ていると気持ちが明るくなる。衣服と服飾雑貨、ヘアメイクなどのトータルコーディネートにこだわることで、おしゃれ度アップの自分を表現しよう。

図5　柄のイメージ

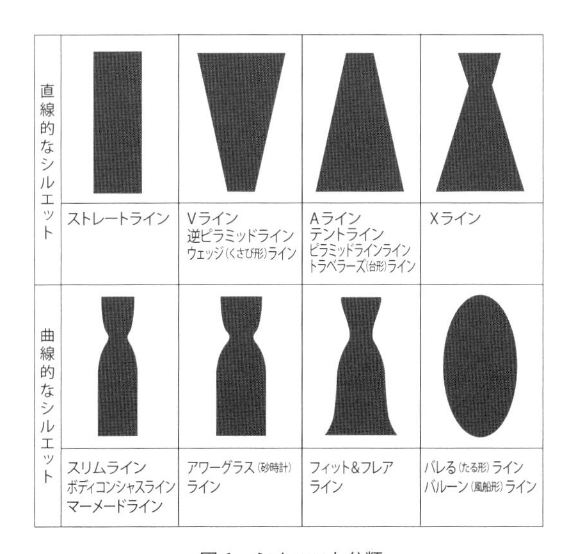

図6　シルエット分類

アクセサリーの効果
シンプルなワンピースにネックレスやイヤリングでアクセント

⑦ メイクアップで相乗効果

人は加齢により、肌の色がくすみ、たるみが生じる。それらの老化現象をカバーするためにもメイクアップは必要で、顔色を明るく見せるだけでなく衣服をひき立てる相乗効果もある。

口紅の色を衣服と同系色、あるいは同系色よりややトーンを落とした色にすることで、色の統一感が生まれ、よりおしゃれに美しく見える。

毎日、口紅を挿すだけでも顔色が明るくなり、健康的に見える。周囲の人も、健康的なおしゃれな高齢者を見ていると、気持ちがよい。

衣服の色やイメージに合わせて、10歳若返りの自分づくりを目指したい。

⑧ 理想の自分をイメージする

おしゃれに装うポイントは、まず自分がどのように見せたいか、見られたいかを考え、そのイメージを衣服の色や柄によるコーディネートで表現することである。

COLUMN

「心」と「体」の健康がオシャレの秘訣

石間伏 勝博

オシャレをいつまでも楽しむためには「心」と「体」がともに健康であることが大切です。「会いたい人」や「行きたい場所」があると、その目的に応じたオシャレをするものです。オシャレをすると、自分の心が楽しくなって、弾むように出掛けた経験があると思います。

「心」と「体」の健康を大切に思う背景には、自身が理学療法士という仕事を通じて、自由に活動するための心や体をサポートした経験があるからです。心や体の健康を損なうと、活動することに不自由さが生じ、生活への気力が低下してしまいます。そのような状況に陥らないために、「予防医学」を専門として健康増進や介護予防の取り組みを行ってきました。特に「体操」を通じた活動を行っており、心には「笑いの体操」、体には「ウォーキング」を行うことが最も効果的であると思います。

心の健康に「笑い」がどのような効果を発揮するかを紹介します。

「笑う」という動作は楽しいときや嬉しいときに自然と出現します。しかし、楽しいや嬉しいという感情がなくても、自発的に笑う動作を行うことも出来ます。笑いの医学的な効果は、感情が伴う場合も、感情が伴わない場合も、実際の効果は一緒です。笑う動作で生じる医学的な効果を以下に示します。

①表情筋が活性化することで豊かな表情となる
②呼吸に関わる筋肉（頸や胸や背中の筋肉、横隔膜など）が活性化され呼吸量が増加する
③呼吸量が増加することで発声が明瞭となる
④横隔膜が上下に動くことで大腸や小腸を刺激する
⇒便秘症の改善、内臓の血流を促し血圧を下げる、内臓刺激による自律神経の調節、など
⑤呼吸に関わる筋肉が活発に動くことでカロリー消費や血糖値を下げる運動効果がある
⑥全身の血流が改善するためリラックス効果を導き心が落ち着く

体の健康に「ウォーキング」がどのような効果を発揮するかを紹介します。

ヒトは「歩行」をする動物です。歩行が出来なくなると生活への不自由が多方面に出現します。人生100年の時代と言われるように長寿社会となっています。いつまでも自分の足で歩くことが、「会いたい人」や「行きたい場所」への欲求を叶えることになります。健康を保つ活動量の目安として1日8000歩を継続することが推奨されています。ただブラブラ歩くのではなく、老化に伴う身体の変化を予防するために、姿勢を正して歩幅やペースを個人の適正に合わせたウォーキングを習慣にすることが、いつまでも歩き続けられる身体つくりにつながります。

私が描く理想は、「オシャレをして、自分の足で歩いて、会いたい人に会って、行きたい場所へ行って、楽しく笑って時を過ごす」ことです。「心と体がともに健康」であること、その価値を最も大切にして欲しいと思います。

石間伏 勝博さんプロフィール
神戸大学医学部保健学科理学療法学専攻卒業、理学療法士国家資格保有。人生100年の時代を生きるために、健康であるための取り組みはもちろん、ファイナンシャルプランニングやキャリアデザインにも関心を持って活動している。

コーディネート（coordinate）とは組み合わせのことをいい、衣服では、色や柄、素材、形、服種を組み合わせることを指すが、今日では、アクセサリーやバックなど服飾小物やヘアメイクなども含めたトータルなイメージづくりが求められる。

誰もが自分の体にコンプレックスを持っている。背を高く見せたい、細く見せたい、顔が大きいのが嫌。これらの要望を衣服の構成要素（色・柄・素材・形・服種など）の組み合わせで、見え方をコントロールすることができる。なりたい自分のイメージを決め、後半の人生を、おしゃれして、楽しんでほしい。

2 理想の自分を創る工夫

① 背を高く見せたい人へ

背を高く見せたい人は、身体が長方形に見える工夫をする。まず色は、トップスとボトムスを同系色にすると、上下が縦に長く見え、背が高く見えるような印象をつくれる。つまり、ワンピースは高く見える効果がある。

垂直分割（縦分割）やストライプ柄は、実際より長く、シャープに見え、高さを誇張させる

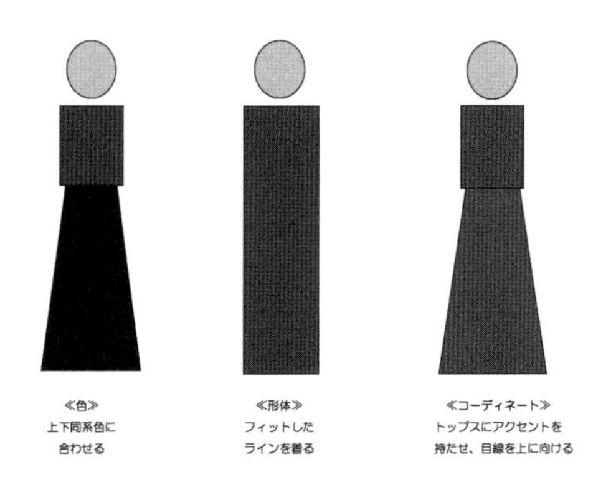

ことができる。ジャケットやトップスに明るい色を身につける、首元に柄スカーフやアクセサリーをつけたり、帽子をかぶると目線が上に引かれ、背が高く見える。ロングヘアも下ろしているより、上げている方が背が高く見える。

② 背を低く見せたい人へ

背を低く見せたい人は、目線が下に引かれるような工夫をする。例えば、トップスとボトムスを別色にし、ボトムスの方に目がいく色や柄を使うと効果的である。またAラインのように、下に分量のあるデザインや、ボトムスに切り替えや配色を使い、アクセントを持たせることで、目線が下にいき背が低く見える。

ロングヘアも上げているより、下ろしている方が背が低く見える。

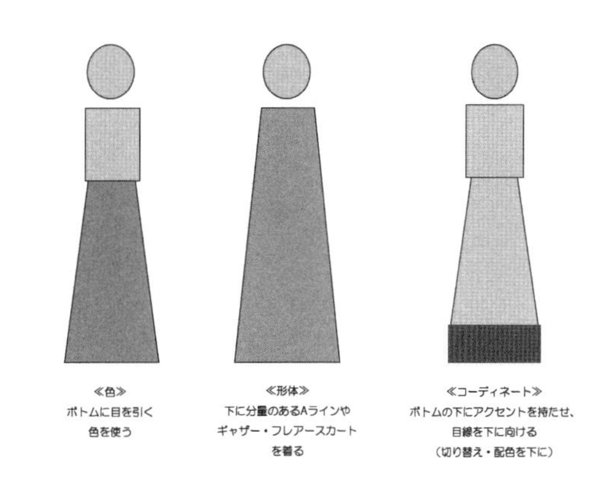

③ 細く見せたい人へ

細く見せたい人は、色は落ち着いたブルーやグレー、茶色などのダークトーンを用いると引き締まって見える。

素材は張りのある薄手から中肉素材を、アイテムはセーターよりもシャツやジャケットのような肩線がある長方形のデザインを着れば、細

く見える効果がある。ストライプ柄や垂直分割（縦分割）は、実際より長く細く見える。しかし顔周りには、アクセントカラーとして、明るい色を使用するよう心がける。

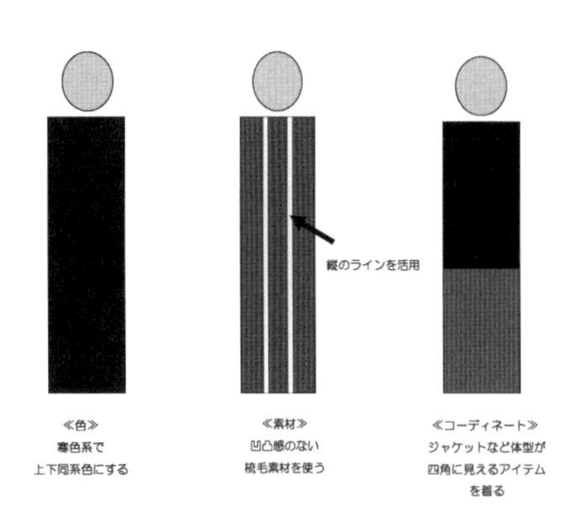

④ ふっくら見せたい人へ

ふっくら見せたい人は、パステルカラーやペールトーンの色を用いるとふっくら見える。素材は柔らかくボリューム感のある厚手素材を用い、セーターやフリースのようなアイテムを着用するとよい。バルーン形のデザインを着れば、ふっくら見える効果がある。ボーダー（横縞）や平行分割は、実際より幅広く見え、同時に安定感を表現することができる。はっきりした柄や動きのある柄はボリューム感が出るので、ぽっちゃり見えたい人は着用するとよい。

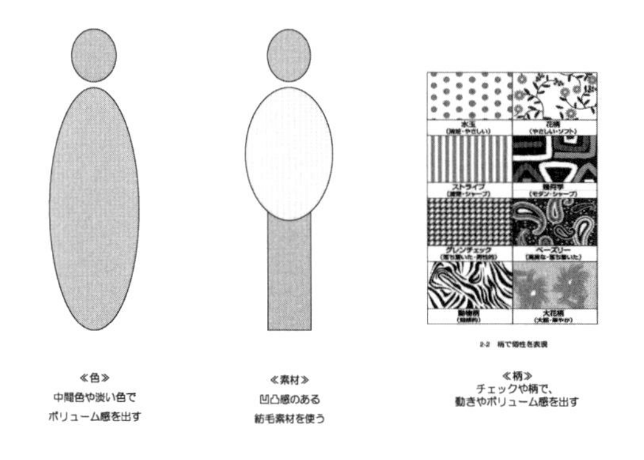

⑤ お腹まわりを隠したい人へ

「あなたの嫌いなところは？」とたずねると、ほとんどの高齢者が、若い頃と比べて、体型変化が出てきたウエスト、ヒップ、バストなどをあげている。これは、自然の成りゆきで受け入れなければならない。しかし体型が変わろうとも、おしゃれに見せたい気持ちは変わらない。

お腹まわりを目立たなくするシルエットしては、お腹のまわり寸法よりサイズの大きいストレートラインやＡライン、バルーンラインの服選びを推奨する（P45 図6）。

⑥ 丈・分量とバランスの良い関係

トップスとボトムスのゆとり分量は、目安としてトップスとボトムスの分量を足して考えるとよい。トップス丈が長いや分量が多い場合は、分量が少ない細いボトムスを合わせるとよい。トップスの丈は、股下から膝までの間の 1/2 から 2/3 が、私の長年の経験からバランスが良いと考える。またトップス丈が短いや、分量が少ない場合は、分量が多い、太いボトムスを選択するとよい。

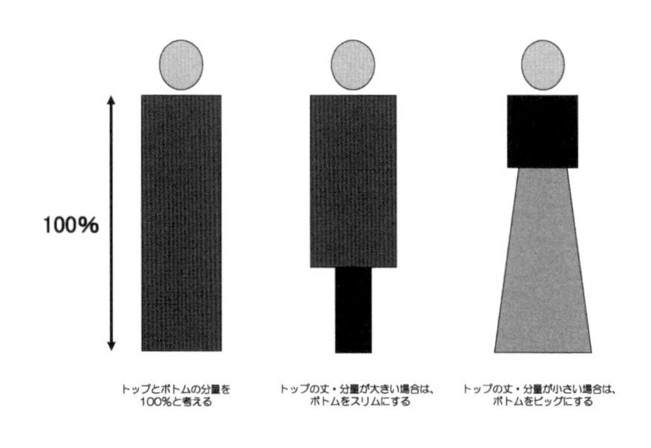

⑦ 顔・首と襟ぐり・襟形との良い関係

顔の大きさや形、首の長さ、目や鼻、口などは人それぞれ異なる。さまざまな表情の顔や首と襟ぐり・襟形との関わりは、自身を表現する時の重要な要素となる。

顔の大きさと襟ぐりでは、顔の大きい人は、襟ぐりを大きく開けるほうが顔が小さく見え、顔の小さい人は、襟ぐりを小さくすると顔が大きく見える。

顔の形と襟ぐりでは、丸顔の人は、V ネックを着ると顔が細く見え、丸く見えない。三角顔の人は、ラウンドネック（丸首）やボートネックを着ると、顔が尖って見えない。四角顔の人は、ラウンドネック（丸首）を着ると四角い顔が緩和される。面長顔の人は、ボートネックを着ると、顔が長く見えない（図 1）。

首の長い人は、ハイネックやタートルネックが似合い、短い人は、詰まって見えるので避けるほうがよい。

顔立ちの大きい人は華やかに見え、小さい人は地味に見えがちである。顔立ちの小さい人は、やや華やかに明るく装うことを推奨する。

顔立ちのやさしい人は、フラットカラーやボータイなどの優しいデザインを、顔立ちのはっきりしている人は、シャツカラーなどのシャープなデザインを着用するとイメージをより表現することができる。

ボートネック
ラウンドネック
三角顔

図 7　顔と襟ぐりの良い関係

⑧ 顔色と衣服の色との良い関係

衣服を選択する際に、「あなたの肌色に似合うパーソナルカラー」という文言をよく聞く。私も色に関しては、重要であると伝えてきた。似合う色を身に付けることにより、顔の表情が明るく見えたり、すっきり見えたり、自信が芽生えたりと、より若々しく明るく表現できるからである。しかしあなたの肌色に似合う色はこれです。とは断言できない。なぜだろうか。肌の色は、変化するからである。高齢になれば、顔色も、寒暖差や疲労感、病気等の外部要因により変化する。

ファッション分野では、肌の色を、春夏秋冬のシーズンに例えて診断するパーソナルカラー教室も多々ある。私は、長年の経験から、肌色の基本は、大きくはイエロー系とブルー系だと考えている。イエロー系に合う色は、オレンジ系・茶系、ブルー系に合う色は、ピンク系・ワイン系である。

しかし同じピンクでも、薄いピンクから鮮やかなピンクまである。つまり、自身の肌色に合わせて、基本カラー（黒や紺、茶など）を決め、アクセントカラー（顔が明るく見えるカラー）として好きな色相を選択し、肌が明るく見えるトーンを選択し、使用することを奨める。シニアのおしゃれ学の最終目的は、ファッションを通じて、高齢者が、より若々しく明るく表現できる自分をつくり上げることである。

ファッション関係の HP を参考に自分を磨く意識を高めてほしい。

⑨ テイストによるイメージ分類

体型への対応を色や素材･柄、シルエット･ディテール、切り替え線などの特性を生かし、解決策を試みてきた。⑦では、顔・首と襟ぐり・襟形の関係を示し、自身が似合うデイテールを提示した。ここでは、「私は、どのように見えたいか」という、高齢者が最も苦手とするテイスト分類を考えてみる。

テイスト（taste）とは、趣味や好みの意味で、衣服のコーディネートでは、形容詞を基本にイメージ分類することが多い。

表2はその代表的なものである。衣服のイメージを、エレガント（優雅）、カジュアル（気軽）、ソフィスティケート（洗練）、モダン（現代的）、フォークロア（民族調）、スポーティブ（活動的）などに分類し、衣服や服飾小物までをトータルにコーディネートする手法である。

現代は、ひとつのイメージにこだわらず、イメージをミックスさせて個性を表現することもある。「上品に見えたい」「若々しく元気に見えたい」「モダンに見えたい」など、なりたい自分のイメージを考えて実行してみよう。

3 季節の移り変わりを楽しむ

日本は、四季折々を楽しむことができる自然にめぐまれた環境にある。

自然の中にある色やイメージを参考に、四季に合わせてファッションを考えると、生活にメリハリができ、快適に過ごすことができる。春には春らしいやさしいイメージの装いで、夏には涼感ある素材を用いた装いで、秋には自然の深さや暖かさを感じる色を用いた装いで、冬には暖かさを感じる装いで、お正月やクリスマス

表2　イメージ分類の指標

イメージキーワード（〜に見えたい）	色		柄	素材	形態（シルエット&ディテール）
	色・トーン	配色			
ロマンテック フェミニン プリティ	パステルカラー ホワイト	ハーモニーカラー グラデーションカラー	小花柄 水玉	シフォン レース 綿ボイル	Xライン、Aライン バルーンライン ギャザー フリル
カジュアル スポーティブ 元気	ビビットカラー 純色 マリンカラー （赤・白・紺）	コントラスト マルチカラー	ストライプ 幾何柄 水玉 POP	デニム 綿ギャバジン 天竺 綿ストレッチ	プリーツ ストレートライン Aライン 切り替え
ソフィスティケート エレガント 上品・知的	ナチュラルカラー 中明度色 中彩度色	ハーモニーカラー グラデーションカラー	ペーズリー柄 ジャガード柄	シフォン ジョーゼット	フィット&フレアーライン アワーグラスライン ドレープ
モダン シンプル シャープ	黒・白 無彩色	コントラスト アクセントカラー	ストライプ 幾何柄	綿ツイル ギャバジン ストレッチ素材	スリムライン ストレートライン 切り替え
マニッシュ クラシック 重厚・堅実	低明度色 低彩度色 寒色系	ハーモニーカラー グラデーションカラー	無地 ストライプ チェック	ツィード フラノ	Vライン ストレートライン ピンタック
ゴージャス セクシー	黒 ゴールド シルバー ビビットカラー	コントラスト マルチカラー	幾何柄 大花柄 動物柄	ベルベット サテン・タフタ ラメ入り素材 ストレッチ素材	スリムライン Xライン ドレープ

には華やかなフォーマルウェアで、それぞれ四季に応じたファッションで季節の移り変わりを楽しみたい。

四季それぞれの色、素材、柄を取り入れ、季節に合ったおしゃれなセンスを磨いていこう。

4 日本の伝統デザインを取り入れる

現在、私たちは洋服を着ているが、かつては着物で生活していた。着物は、日本の気候や文化に育まれたものだが、戦後、活動しやすい洋服が日常着となった。

しかし日本の生活文化と伝統技術に培われた着物には、優れた染色技術や文様に込められた日本人の美意識が映し出されている。

近年、洋服のあらゆるブランドを着尽くしてきた女性たちが、洋服にはない刺激的なファッションアイテムとして着物に関心を寄せはじめている。また思い出の着物を身に着ける楽しみ、たんすの在庫を活用するという節約効果、さらには自分だけのオリジナルデザインというニーズから、着物のリメイクへの関心も高まっている。直線裁ちや和服柄を生かしたシンプルなワンピースは、パンツと組み合わせて日常着で、ブラウス・ベスト・ストールは、洋服におしゃれな和感覚をプラスできる。高齢の男性たちのくつろぎ着として、作務衣の人気が高まっている。作務衣は、日本古来の藍染め素材を使っており着心地がよい。デザインもゆったりし、動きやすい袖と身頃、着脱しやすいズボンなので日常着として楽に着用できる。直線裁ちの着物は、その形状が包み込む形なので細身の人にもふくよかな人にも、誰にでも着用できるユニバーサルファッションにつながるデザインである。日本の伝統文化を継承しつつ、シニアのおしゃれを楽しみたい。

写真１　着物のリメイク作品

写真２　着物をリメイクした作務衣

衣生活に関する意識調査

神戸市内の生涯教育関係機関の協力を得て、「高齢者の衣生活に関する意識調査」を実施した。期間は2019年9～10月、60～70歳の健常の女性100名を対象に、アンケート及びヒアリング調査を実施した。

● おしゃれへの意識

ほとんどの人が、おしゃれに関心があり、おしゃれになりたいと思っている（図1）。自分はおしゃれだと思っている人のうち、おしゃれに関心はあるがしていないが、半数以上で、思っているだけで実行していない現状がある。理由としては、似合うものやコーディネート方法が分からないなど、コーディネートに関することが最も多く、次いで面倒くさい、気に入ったデザインがない、をあげている。中でも、ワンパターンになるが最も多く、面倒くさい意識が関与していると考えられる。また、ヘアメイクや服飾品とのコーディネートができないなど、関連商品とのコーディネートもあげられていた（図2）。

● 身体の長所と短所

自分の嫌いなところをたずねたところ、特になしが最も多く、笑顔、姿勢、目が多かった。また、魅力的なところは、身体のバランスが最も多く、次いで、姿勢、ウエスト、ヒップがあげられた。

身体のバランスや姿勢は、魅力的・嫌いなところ両方にあげられており、関心の高さがうかがえる。嫌いなところでは、若い頃と比較して、体型変化が出てくるウエスト、ヒップ、バストなど、身体の部位があげられていた。

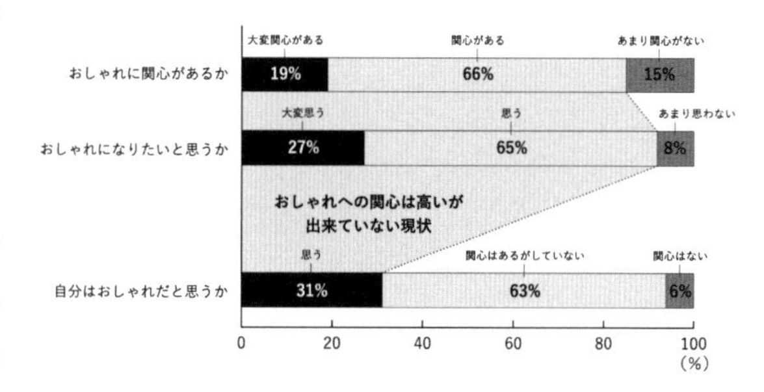

図1　おしゃれへの関心

理由	人数
似合うものがわからない	33
コーディネートがわからない	31
面倒くさい	16
気に入ったデザインがない	13
脱ぎ着しにくい服が多い	1
動きにくい服が多い	1
その他	16
無記入	2

コーディネートに関する理由 ／ 意識に関する理由 ／ 機能性に関する理由

「わからない」「面倒くさい」からワンパターンになる傾向がある

項目	人数
ワンパターン	40
メイク	37
ヘア	34
アイテムのコーディネート	27
アクセサリーや靴など服飾品とのコーディネート	23
カラーコーディネート	17
その他	5
無記入	5

メイク関連 ／ コーディネート関連

図2 コーディネートができない理由

● 現在着用している衣服

ほとんどの人が既製服を着用し、本人が選択している。既製服への満足度は約70%で、不満のある人からは、体型に合わない、気にいったデザインがないなど外見に関わる問題点があげられた（図3・4）。

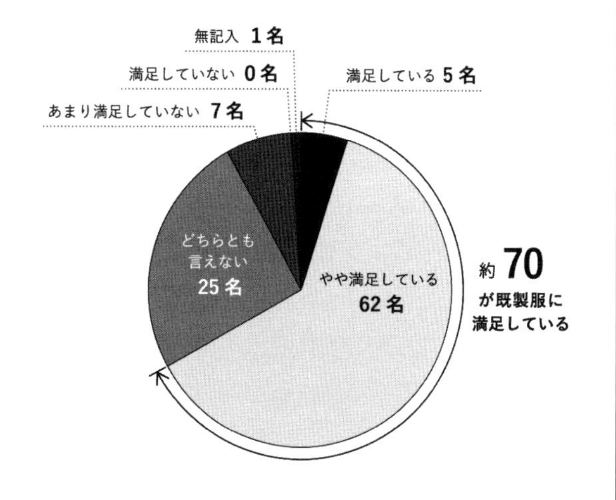

図3　既製服への満足度

● 見られたいイメージ

見られたいイメージは、「品が良い」が最も多く、次いで「若々しく」が半数を占め、「活動的」と続く。年相応よりも、品よく若々しく活動的に見られたいと思う人が多かった（図5）。

● 衣服の購入ポイント

衣服を購入する際、重視することの第1位から5位までの集計を、図7に示す。

上位に占める項目は、約半数の人が外見に関わる「デザイン」や「色」「素材」を重視していた。「価格」は、全項目の中で最も重視され、現在のファストファッションの影響か、価格に見合う外見（デザイン/色/素材）で購入したいと考えている。ブランドや流行にこだわるよりも、着心地や体型に合うなどの機能性を求めている人が多かった（図6）。

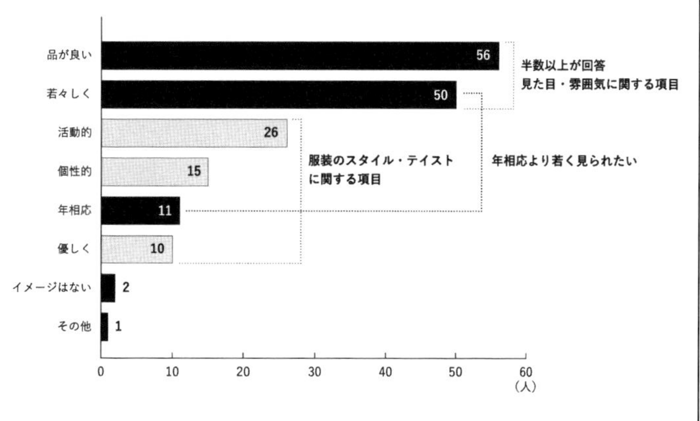

図4　既製服の問題点

● 衣服の購入先

衣服の購入先として、最も多いのが専門店で、次いで百貨店、量販店、アウトレットである。通信販売（ネットショッピング）は、第4位にあげており、試着できないので交換するのが面倒や、思っているものと違うことが多いなど、高齢者は商品を見て購入している人が多いことが明らかになった。

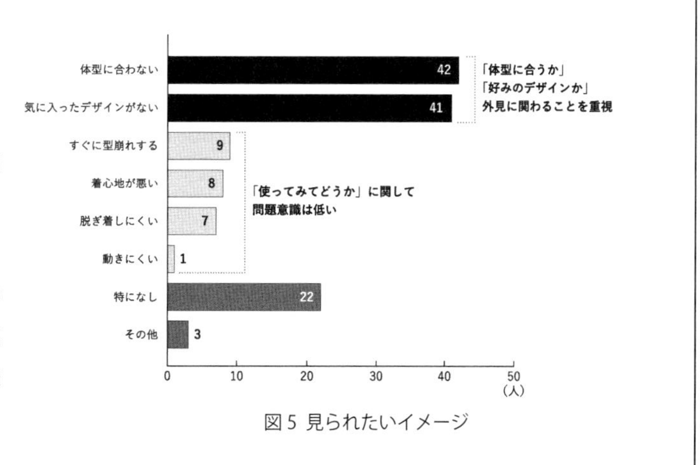

図5 見られたいイメージ

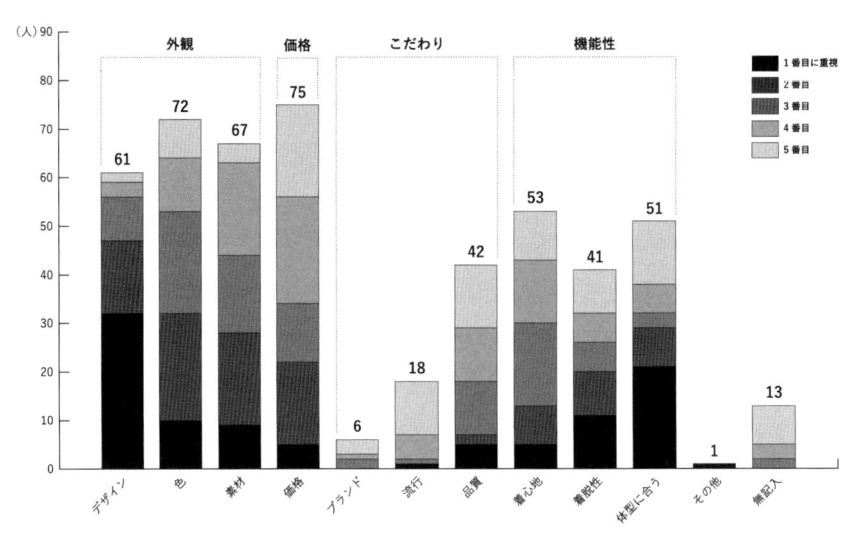

図6 衣服の購入ポイント

● 自由記述

1）コーディネートについて

・あれこれ考えるのが面倒なのとお金をそんなにかけたくはない。

・上はＴシャツ、下はデニム（パンツ）に基本は決めている。

・色はシンプルに黒、白、グレー、青などがいい(合わせやすいから)。

・動きやすく、素材が良く（速乾性など）を重視している。

・ある程度の流行は取り入れるようにしている。

2）体型について

・最近、大柄の人向きの衣服が多く背の低い私には丈が長すぎる。

・サイズが合わないので洋服を買うときは時間がかかる。

・女性用の良いショーツが少ない。おへそが出たりぴったりしすぎてきつい。前開きでない男性用ショーツをはいてみたら、伸縮性が素晴らしくお腹も圧迫せず実に履き心地が良かった。

3）アクセサリーについて

・アクセサリーは面倒などで付けない。

・肌に優しいアクセサリーが欲しい。

・金具が細いので、着脱の楽なアクセサリーが欲しい。

・アクセサリーも夏場は汗をかくのであまり付けたくないが、寂しいと思うと付ける。

4）靴について

・高齢者の靴で、ヒールが３～４㎝くらいのパンプスで、おしゃれな靴があまりない。

・履きやすい靴。ピッタリサイズ。

・歩き方や体型に問題がある人に対しての講座や窓口が欲しい。やはり最後まで自分の足で歩きたい。

5）アドバイスの要望

・自分の好みの服が自分に合っているかどうか分からないので、アドバイスがもらえたら嬉しい。

・色が自分に合っているかどうか知りたい。肌の色に合う服の提案。

・自分の好きなデザインの服が着れたら嬉しい。

・シニアファッションショーがあれば参考に行ってみたい。

グラフ制作：鈴木 徹

UNIVERSAL
FASHION

第4章
障害者の身体特性と衣生活

ユニバーサルファッションを進めていくうえで、障害者の行動や生活環境を理解することにより、衣生活に関わる問題点が浮かび上がってくる。本章では、障害者の身体的特性の把握、障害者に対する調査結果からみた衣生活に関する問題点や課題について整理する。

1 障害の基本的な考えと身体動作

1 障害の分類

障害の要因は生下時からの場合もあるが、病気や事故によるものが多く、特に高齢になるとその割合が高くなる。障害のある人は、障害のない人よりも社会生活を送るうえでさまざまな困難に遭遇する。WHO（世界保健機関）による国際障害分類（1981）では、障害の概念を機能障害（Impairments）、能力障害（Disabilities）、社会的不利益（Handicaps）の３つに分類し定義している。

① 機能障害（Impairments）

心理的、生理的、解剖学的な構造・機能の喪失や異常を示す。特に生理的、解剖学的には、脳卒中が原因で右手足が動かない、脊髄の損傷で下半身が動かないなどの身体機能の障害が含まれる。股関節や膝関節の屈曲制限、拘縮などもあげられる。

② 能力障害（Disabilities）

機能障害によって、「食べる」「歩く」「衣服を着脱する」などの日常生活動作（Activity of Daily Living：ADL）ができない、または制限される場合を能力障害という。これらの能力を回復させるためには機能回復訓練を行うことが有効であり、さらに福祉用具を用いることでそれらの能力を補うことができる。

③ 社会的不利益（Handicaps）

機能障害や能力障害のある人が、その障害を理由に社会参加や活動が妨げられることがある。これを社会的不利益という。文化的、社会的、経済的、環境的なあらゆる要因が日常生活を送るうえでバリア（障壁）となる。例えば、社会環境や制度の不備、情報入手の困難、売買の不便さ、意識の偏見などがあげられる。

障害者基本法では、「障害」は身体障害、知的障害、精神障害（発達障害を含む）、その他の心身機能の障害と位置づけられている。そのうち身体障害は、肢体不自由、内部障害、聴覚・言語障害、視覚障害に分類されている（図1）。

図１　障害者基本法による分類

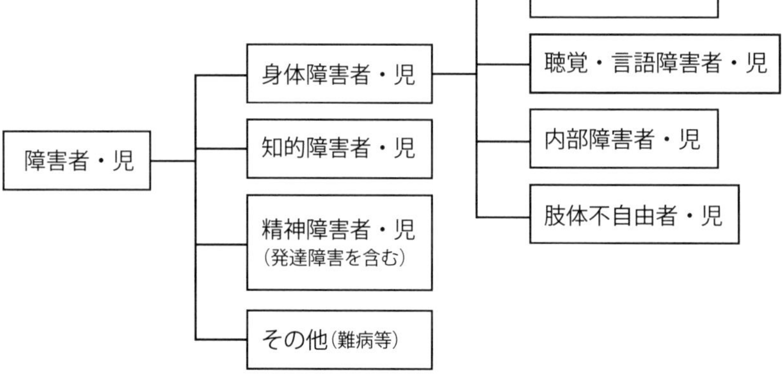

障害者・児
身体障害者・児
知的障害者・児
精神障害者・児（発達障害を含む）
その他（難病等）
視覚障害者・児
聴覚・言語障害者・児
内部障害者・児
肢体不自由者・児

2 日常生活動作(ADL)とは

日常生活動作(ADL：Activity of Daily Living)とは、人が自立して生活するための日常生活における「食べる」「歩く」「衣服を着脱する」などの基本的な身体的動作のことである。

ADLは、リハビリテーションあるいは看護の立場から評価された基準値であり、一般的には家庭における身の回りの動作が示されている。ADLには表1のような動作項目があり、その評価尺度は、正常、部分介助、全介助の３段階に分類されている。また日常生活関連動作(APDL：Activities Parallel to Daily Living)といわれる調理、掃除などの家事動作や買い物、交通機関の利用など、ADLよりも広い生活圏での活動を指す基準もある。さらに手段的日常生活動作((IADL：Instrumental Activity of Daily Living)といわれる物を使うという現代生活に必須の動作を指す基準もある。

ADLやAPDL、IADLの評価尺度を参考とし、高齢者や障害者の衣生活の自立や向上の工夫を考えることが求められる。

表1　ADL（日常生活動作）

起居・移動動作	起居・移動動作は 寝返る、起き上がる、座る、立つ、歩く（這う・走る）の五つの形態に分類することができる。私たちは無意識のうちにこれらの動作を行っているが、順番が異なると動作に不自然さが生じ困難をきたす。能力障害があるとこれらの行為がスムーズにできない場合が多い。そのような場合は、介助者を依頼し、補助することが必要となる。
更衣動作	更衣動作は、衣服の着脱に関係する。上着は、上着を手にもつ、片腕を通す、もう片腕を通す、前ボタンをかける（頭からかぶる)、上着を調える、脱衣するに分類される。スカート・ズボンは、手に持つ、足を通す、腰まであげる、ボタンをはめる・ファスナーをあげる、脱衣するに分類される。正常な運動機能の人であれば、衣服の着脱は容易であるが、身体や手指の動きに何らかの障害が出てくると衣服の着脱は困難になる。そのような場合は、残存能力に合わせた自助具を活用するとよい。
整容動作	整容動作は、上肢や手指の運動機能を使用した細かい動作で、洗顔、歯磨き、髭剃り、整髪、爪切り、化粧などの行為がある。身体や手指の動きに何らかの障害が出ると整容動作は困難になる。そのような場合は、残存能力に合わせた自助具を活用するとよい。
入浴動作	入浴動作は、身体を清潔に保ち、自らが身体の変化を観察する行為でもある。また心のリラックスを促す時間でもある。この行為は移動動作をもとに、衣服の更衣、身体の洗浄、身体を拭くなど多くの連続動作を伴う。一人で入浴動作ができない場合は、介助者を依頼し、当事者の身体を清潔に保つように心がける。
排泄動作	排泄動作は、誰もが自立の目安として捉える行為であり、ほとんどの人がその行為を他者から遮断し、自己管理していることが多い。排泄動作は、移動、更衣、洗浄動作を伴い、この行為のひとつでもできない場合は、介護者が必要となる。障害の程度やADLの自立度を参考に排泄できる工夫を考える。
食事動作	食事動作は主に、感覚機能の使用と上半身の移動動作を伴う。食事動作には、食べる順番を決める、食物を自分の前に引き寄せる、お箸やスプーンを使い食物を口に運ぶ、食べる、食べたお皿やカップを置く、次に食べたいものを決める、食べたお皿を重ねるの順番で行われる。日本では箸を使用することが多いが、持ちにくければ、手指の運動機能に合わせたスプーンやフォークなどを使用するとよい。

3 生活を補助する福祉用具

障害や加齢、事故などにより、身体に何らかの機能障害が生じると日常生活がしづらくなる。

足が動きにくくなり、外出したいのにできない。手先が不自由になり、お箸が使いづらく食べこぼしする。手先の握力がなくなり、ボタンがはめられないなど、人それぞれに支障が出てくる。それらの行為を補助し、その人らしい生活を営むことを援助する道具を福祉用具という。福祉用具は、心身の機能が低下し日常生活に支障がある老人や、心身障害者の日常生活上の便宜を図るための用具、機能訓練のための用具及び補装具と規定されている。これらの補装具、治療用装具、日常生活用具は、給付対象種目と定められている。

補装具とは、身体障害者の身体の失われた部位（欠損）、障害のある部分（損傷、機能低下）を補って、必要な身体機能を補うために用いられる用具のことで、盲人の安全杖や義眼、眼鏡、義肢、車いす、歩行器などがある。

治療用装具とは、疾病、障害等の回復改善を図るための治療上必要な用具や機器類のことで、コルセット、サポーター、関節用装具などがある。

日常生活用具とは、身体の機能が低下し、日常生活に支障がある老人や在宅重度障害者に対して、日常生活の便宜を図るためや、家族の介護負担を軽減するために、改善された用具や機器類のことで、浴槽や便器、寝台、盲人用時計などがある。

衣生活に関連する行為には着脱と整容行為がある。身体に支障があるとこれらの行為がしにくくなるが、自立を補助してくれる自助具を使うとスムーズにできる。

衣生活と関わりの深い自助具には、

・ボタンエイド※1
・ソックスエイド※2
・リーチャー※3
・長柄つきブラシ／カフベルト付き整髪ブラシ※4

などがある。

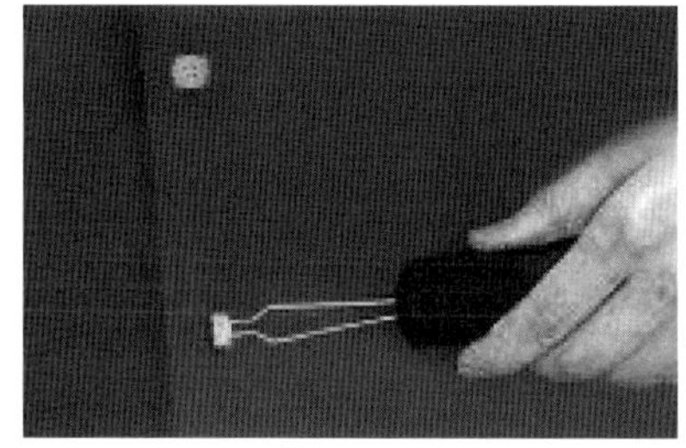
ボタンエイド

福祉用具の適切な活用は、高齢者・障害者の心身の機能障害を補完する、日常生活の自立を図り生活の質を向上させる。社会参加を促進させ、介助者の負担を軽減するなどの重要な役割を果たすものである。

今後、ますますユニバーサル社会が進展する中、福祉用具を適切に活用し、文化活動やスポーツ、旅行などに積極的に参加して人生を楽しく過ごしてほしい。

※1　ボタンエイド：ボタンがかけにくい人が、ボタンをかけやすくするための自助具。
※2　ソックスエイド：靴下の脱ぎ着が困難な人は、ソックスエイドを使用すると踵部分がスムーズに入り、靴下が履きやすい。
※3　リーチャー：四肢の動きに制限のある人が、衣服の届かないところを引っかけたり、押したりして着脱しやすくするための自助具。
※4　長柄つきブラシ・カフベルト付き整髪ブラシ：肩や肘の関節可動域に制限がある人は、整髪しやすい長さに、柄を調節できる長ブラシやカフベルト付き整髪ブラシを使用すると整髪しやすい。

2 障害者と衣生活における問題点

1 肢体不自由者の疾病と衣生活

肢体不自由は運動機能障害が原因となるもので、主な疾患や障害は、脊髄損傷、脳卒中、慢性関節リウマチ、進行性筋ジストロフィー、脳性麻痺、骨関節疾患、頭部外傷などがあげられる。

肢体不自由者の生活行為を支援するためには、適切な生活環境の整備 (バリアフリーなど) や補助具の利用、人的な介助が必要になる。衣生活においても、これらの肢体不自由の種類と特性を十分に理解した上で、配慮や工夫を試みる必要がある。

① 片麻痺

片麻痺を引き起こす疾病は、脳卒中に分類される脳梗塞と脳出血である。損傷部位により異なるが、片麻痺、構音障害、失語、意識障害、麻痺側の感覚障害、頭痛、眼球の内下方偏位、高次脳障害などの症状がみられる。

片麻痺は、硬直したように筋肉が固い状態の「痙 (けい) 性麻痺」と筋肉がゆるんだ状態の「弛緩性麻痺」がみられ、麻痺の状態により日常生活動作に時間がかかり、生活全般に支障をきたす。また失語症などによりコミュニケーションに支障が生じる場合もある。

しかし機能回復訓練で残存能力の低下を防ぐことができる。目的に合った自助具などを活用することより基本的な日常生活行為や家事動作、趣味活動などが可能となり、中には改造自動車の運転を行う人もいる。

片麻痺者の衣生活は、主に上下肢の麻痺による「衣服の着脱」と「衣服の着崩れ」に問題が生じる。

「衣服の着脱」については、麻痺している側 (患側という) の上下肢が動かないため、上着の袖を通したり、ズボンを履くのに時間がかかる。脱ぐ場合も時間がかかる。衣服の着脱を片手で行うのは時間もかかるし、労力も使う。そのため、ボタンを大きくしたり、ボタンホールを縦にあけるなど片手で着脱しやすい工夫を考えることが大切である。また上着は前明きよりかぶり型の方を選択するとよい。

「衣服の着崩れ」については、麻痺により肩傾斜に左右差が生じるため、衣服の襟ぐりがずれたり、袖山やブラジャー・スリップなどの肩紐が落ちたりという問題が生じる。さらに、歩行時には衣服がねじれたり、まわったりする。着崩れを防ぐためには、衣服の形状に留意し、あきの小さい襟ぐりを選択することが重要となる。袖については、着心地や運動量を考慮した上で、袖山が落ちるのが気にならない上着を選ぶという発想の転換も必要である。また滑りにくい素材を選ぶことも衣服の着崩れを防ぐポイントである。

② 四肢麻痺・対麻痺

脊髄損傷は、脊髄の損傷箇所により障害の度合いは異なるが、その多くは四肢麻痺・対麻痺となる。四肢麻痺・対麻痺者は、下肢に麻痺があることから、車いすを使用する場合が多い。車いすでの移動が中心となるため、日常生活動作が困難となり、生活全般に支障をきたす。

四肢麻痺・対麻痺者の衣生活は、「体型・姿勢の変化」「生理機能の変化」「運動機能の低下」「知覚機能の低下」により多くの問題点が生じる。

「体型・姿勢の変化」としては、日常生活に車いすを使用するため座位姿勢になり、「ウエスト、ヒップが立位より太くなり、ズボンやスカートがきつくなる」「ズボンの後ろウエストが下がり、背中が出てしまう」「上着のボタンが開いてしまう」などの問題点が生じる。そのため、ウエストやヒップのゆるみを多くしたり、伸縮性のある素材を使用するなどの工夫が必要である。

特にズボンについては、設計上で股上の前後バランスや形状、素材を見直すことが重要である。上着はかぶり物を選び、前あきの場合は、前立ての幅を広くしたり、カシュクール型の形状を選ぶことが望ましい。袖が擦れない工夫や車いすに巻き込まれない安全面に考慮した袖の形状を選択することなども必要である。

「生理機能の変化」については、暑さや寒さに体が対応できないため、夏は体熱発散しにくく、冬は身体が冷えやすいという問題がある。季節により、衣服内気候に配慮することが必要である。

例えば、夏は体熱を発散させる通気性のよい素材を選択し、レインコートなどは透湿防水素材を使用する。それに対して冬は首回り、腰回り、足先を包み込むフード、スカーフ、ひざ掛けなど身体の保温を目的としたデザインを選択し、温かくて軽い素材を使用することが重要となる。さらに生理機能には、合併障害として排尿排泄の問題もあげられるため、これらに対応する工夫が必要である。

「運動機能の低下」については、衣服の着脱に問題が生じるため、片麻痺者同様にかぶり物を選ぶことが望ましい。ズボンには、伸縮性のある素材を使用したり、ファスナーやマジックテープなどの副資材を上手く活用し、座り姿勢でも着脱しやすい工夫が必要である。

「知覚機能の低下」については、車いすでの座り姿勢が中心になるため、硬い素材、縫い代が皮膚を圧迫し、褥瘡（じゅくそう）ができやすいという問題がある。褥瘡を防ぐためには、通気性のよい素材を選択し、できるだけ厚手で滑りの悪い素材は使わないことが重要である。きついパンツのゴムは避け、ズボンの後ろにギャザー、ダーツ、ポケット、切り替え線などがあるデザインはできるだけ使用しないことが望ましい。

③ 関節リウマチ

関節リウマチは、主に身体特性に関わる衣服の問題が生じる。衣生活では、関節の痛みや変形、硬直によって関節の動きが悪くなるため、着脱の安全面や関節の冷えなどの生理機能に留意する必要がある。

特に変形予防のため補装具を使用している場合は、補装具に引っかからないデザインを考えることが重要である。関節の冷えに留意するためには、肌着(関節部分に保温の工夫がされているもの)、ベスト、カーディガン、スカーフ、帽子など体温調節しやすいアイテムを状況に応じて使い分けることが望まれる。またスタンドカラー、シャツカラー、ハイネックなどの首が隠れるデザインを選択することも保温効果を得るためには有効である。軽くて暖かい素材を用いることも必要である。

COLUMN

障害者がオシャレをすること

西之原郁子

私と見寺貞子教授との出会いは、平成13年(2001年)秋に、片麻痺者のモデルとして出会いました。翌年1月に、車椅子・片麻痺者（男女）のおしゃれな服「ユニバーサルファッション」の発表会に、テレビ局や多くの新聞社が来られ、私はとても緊張したのを覚えています。その時に見寺教授は、私の化粧を直し、記者会見での質問にテキパキと答えていたので、なんとも凄い先生だと思いました。

当時の私は、重度障害者の自分自身を認められませんでした。私の右手は、少しは上に上がりますが、指は動きません。右足は装具を付けて歩いています。その上に軽度失語症者です。私は身長が168cmと高いですし、障害者なので目立ちます。それが嫌で人目を避けたいと思い、地味な服ばかりを着ていました。ある時、見寺先生が作ってくれたおしゃれな服を着て、デパートの洋服売場の全身鏡を見ると、「似合っている…。」と嬉しい気持ちになりました。私を見て、見寺教授がデザインしてくれたのですから、似合っていて当たり前です。障害者の私がオシャレな服を着ても良いのではないかという気持ちが湧いてきました。それから徐々にオシャレを取り入れるようになり、外出が楽しくなりました。いろいろな人たちに出会い、前向きになっていきました。

私は脳出血で重度障害者になりました。引きこもったままでしたら、今も不幸なままだったと思います。昨年は、日本臨床医療福祉学会で「失語症者として想うこと」を華やかな衣装を着て、発表しました。私に影響を与えてくれた多くの人たちのお陰で発表できました。感謝です。

随分前ですが、神戸の地下鉄に乗っていると、ご婦人が「おしゃれですね。お洋服、とてもよく似合ってらっしゃいます」と笑顔でお声をかけて頂き嬉しかったです。そして、現在、私は週に1度プールに通って、片手クロール・片手背泳をしています。そこでも「あなたを見ていると、私も頑張らないとね」と、多くの方に声をかけられます。健常者からも応援を頂き、嬉しいです。2020年は、東京オリンピック・パラリンピックの年です。障害者のアスリートの方々の活躍を期待しています。

笹崎綾野准教授は、3年間、フランスパリでファッションデザインを学ばれてから、「ユニバーサルファッション」をテーマに、神戸芸術工科大学博士課程に入られ、その時知り合いました。見寺教授、笹崎准教授の衣服に対する熱心さには頭が下がりました。

オシャレな障害者が増えてくると、気持ちのうえでの健常者と障害者のハードルが低くなると思います。もっともっとオシャレな障害者が増えて欲しいと思います。ユニバーサルファッションの続編、続々編が続くことを期待しています。

西之原郁子さんプロフィール
1954年生38歳に高血圧による脳内出血で右片麻痺・失語症になる。言語聴覚士から勧められて女性の失語症者「コスモス」を結成。「むつみ会」（男女失語症者）代表、ひょうご失語症者の会書記を務める。2014年、現在、山口県に転居し宇部市にある失語症者「シャベル」に所属

④ 脳性麻痺

脳性麻痺は、小脳による運動コントロール障害のため、関節・指先動作が困難で食べこぼしが多くなったり、よだれが出たり、急に手足が動いたりする。また合併症として排泄障害があることが多い。

脳性麻痺者の衣生活は、「着脱しやすい衣服」「衣服の汚れ防止」「排泄のし易さ」などを考慮し、衣服にリメイクを施すなどの工夫が必要となる。「着脱しやすい衣服」は、かぶり型の上着などであるが、身体状況や着用する衣服アイテムにより副資材を活用することが有効である。例えば、冠婚葬祭などでジャケットを着用する場合は、袖下から身頃の脇にかけてファスナーを使用することで着脱が容易になる。

「衣服の汚れ防止」は、食事用のかっぽう着やエプロンに工夫を施すことで解消できる。かっぽう着の袖口にゴムを通したり、ビニールコーティングした肘あてを付けたりすることで食べこぼしに対応できる。またエプロンにおしぼり用タオルを取り付けることで、よだれにも対応できる。

「排泄のし易さ」については、ズボンに伸縮性のある素材や副資材を活用することが考えられる。ここでは、介護者の意見を取り入れ、各々に応じた工夫が必要となる。

⑤ 進行性筋ジストロフィー

進行性筋ジストロフィーは、骨格筋が変性することで運動が困難となり、進行が進むと寝たきり状態となる。衣生活においては、「衣服の着脱に困難をきたす」「褥瘡ができやすい」「食べこぼしによる衣服の汚れ」「排泄障害がある」などの問題があげられる。褥瘡については、肌にやさしい素材を使用し、縫い代が背中や肩にあたらないデザインにすることで症状を防ぐことができる。衣服の着脱、食べこぼし、排泄については、脳性麻痺の場合と同様の対応が必要である。

⑥ 四肢欠損・切断者

四肢欠損・切断者は、義手・義足、車いすや杖などの補装具の活用と残された身体能力でさまざまな生活行為を行っている。

義足を使用している場合は、ズボンが義足の一部に引っかかり着脱が困難であったり、ズボンを破損することがある。また健側の足から裾にかけて衣服がねじれるなどの問題もあげられる。このような場合、補装具の厚み、左右の足の長さや太さを考慮したデザインの工夫が必要である。さらに関節が冷えやすいことから、関節部分に保温の工夫が施されている肌着を選択することが求められる。

2 その他の障害者と衣生活

① 膀胱・直腸障害

膀胱・直腸障害は、排尿・排便に関して、支障が生じる障害である。排尿・排便の行為は、尿や便意を感じる、トイレや便器を認識する、移動する、衣服を脱ぐ、便器を使用する、排尿・排便をする、後始末をする、衣類を着る、移動するという一連の動作を示す。これらの動作が支障もなくできるためには、ADL 機能や知的・精神的機能、膀胱、尿道、直腸機能が正常でなければならない。

膀胱・直腸障害に対しては、トイレなどの設備において、必要な処置を行なうための洗浄装置などの設置や設備対応が求められる。治療により改善することもあるが、不可能な場合は、排尿・排便がスムーズに行えるよう福祉用具を適切に活用することが必要となる。

膀胱・直腸障害者の衣生活は、「皮膚の炎症やかぶれ」「排泄物のにおい」に留意するなど生理的・精神的な配慮が必要となる。

「皮膚の炎症やかぶれ」は、排泄障害により生じる。失禁や失便により皮膚に排泄物が付くと、皮膚に炎症が起きたり、かぶれたりする場合がある。ストーマ※1や留置カテーテル※2をつけていると、皮膚に炎症が起きたり、かぶれたりする場合が多い。そのために、ズボンや下着などに伸縮性のある肌に優しい素材や副資材を上手く活用するなど、排泄しやすい工夫が必要である。

「排泄物のにおい」は、膀胱・直腸障害者にとって、他の障害以上に精神的な影響をもたらすことが多い。便や尿の臭いが他人に影響しないか、排泄状態がうまくいっているかなど気になり、人と会うのがいやになる人も多い。外出先でおむつを交換したり、ストーマ装具の排出物の処理は面倒な上に時間がかかるので、外出するのがいやになるなど、社会生活に支障をきたす場合もある。精神的な負担を軽減するため、着脱に留意したズボンや下着の工夫、消臭効果のある素材の使用などが重要である。

※1　ストーマ：消化器疾患や泌尿器疾患による病巣を取り除いた後に、便や尿の排泄経路を得るために、消化管や尿路を人為的に体外に誘導して造設した開放孔のこと。

※2　留置カテーテル：何らかの理由で尿が排出できなくなった時に、膀胱から尿を出すために留置されるチューブのこと。

② 聴覚障害

聴覚障害は、外耳から中耳までの伝音器に何らかの損傷があって起こる伝音系と三半規管以降の感音系の障害に分けられる障害である。伝音器に損傷があって難聴になる場合を伝音性難聴、感音器に損傷があって難聴になる場合を感音性難聴、伝音器にも感音器にも損傷がある場合を混合性難聴という。聞こえの程度を示す聴力レベルは、db（デシベル）で表されるが、身体障害者福祉法では、両方の耳の聴力レベルが、70db 以上の人を聴覚障害者としている。

聴覚障害者は一見すると、そのような障害があることが周囲の人からは気づかれにくい。阪神淡路大震災を経験した聴覚障害者からは、避難所などでの館内放送が聞こえなかったので不自由したという意見もあげられた。聴覚障害者への配慮としては、振動による目覚し時計、フラッシングランプによる緊急時の通報、映像で情報を伝えるテレビ画面の設置などがある。

聴覚障害者の衣生活は、他者とコミュニケーションを取ることが困難な場合に問題が生じる。特に、歩行時の交通事故に注意しなくてはならない。音で危険を察知することが困難で昼夜、雨天にかかわらず、自転車やバイク、自動車に自らの存在を認知させることが重要である。このような危険を回避するには、視覚的認知度が高い色や柄の衣服を身に付けたり、反射材を衣服や小物のデザインに取り入れることが有効である。

聴覚障害者であることを知らせるシンボルマークやマスコットマークを活用することも有効である。聴覚障害者であることを他者に知らせることについては、個人差があるため、慎重な取り組みが必要である。今後、安全やコミュニケーションのツールとして、衣服デザインが活用されることが求められる。

③ 視覚障害

視覚障害は、一般的にその障害の程度によって、盲と弱視に分かれる。盲は視覚による日常生活が困難なことを示す。医学的には盲は光りも感じない状態、すなわち視力０の場合をいい、生まれつきまたは乳幼児期に視力を失う場合と、事故や病気で視力を失う場合がある。後者は一般に「中途失明」とも呼ばれる。弱視は視覚による日常生活が可能であるが著しく不自由なことを示す。

人間の感覚情報の約80％は視覚情報が占めているといわれている。視覚障害者は、どこに何があるのかを記憶して生活している。屋内では台所、洗面所、浴室、タンスの中などで使用するものの位置を決めておき、移動する時に歩行の妨げになるものを置かないように配慮する。

生活環境の整備においては、各種スイッチ・ボタンなどに説明の点字を施したり、歩道などに視覚障害者用誘導ブロック（点字ブロック）を敷設するなどの配慮がある。触覚的な配慮だけでなく、色彩や光環境のコントロール、臭覚を活用した場づくりなどの配慮も重要である。

視覚障害者は、動作の上では支障はないが、視覚的な情報がないために、確認、識別、判断などが困難になり、日常生活では身辺管理、家事管理まで多くの行為について不自由な生活を強いられている。特に屋内外問わず移動の危険を伴う、社会・他者とのコミュニケーションが取り難いなどが大きな問題としてあげられる。

衣生活は、衣服の確認や識別、判断などに留意する必要がある。「衣服の前後・裏表の見分けがつかない」「色が分からない」ことから、衣服をコーディネートすることが困難となる。また衣服の管理面についても、衣類の収納や洗濯時の分類などに支障が生じる。

そこで、衣服の前後や裏表が分かるように目印を付けたり、色や素材を見分けるために点字ラベルを付けるなどの工夫が必要となる。ペアである衣類や靴に目印を付けておくことも有効である。視点を変えると、前後のない衣服、表裏にとらわれないリバーシブルの衣服などの提案も有効であると考える。

④ 認知障害

認知症とは、知的機能が徐々に低下して日常生活に支障をきたし、記憶障害、判断力や理解力の低下などの症状がみられる状態のことである。症状が進むと、妄想・興奮・不安など心理状態のコントロールが困難となり、徘徊などの行為を繰り返すようになる。今後、ますます高齢化に伴う認知障害者数の増加が問題になると予測できる。

衣生活においては、ファッションや化粧など、身だしなみを整えることができなくなり、衣服の前後や表裏の認識も薄れる。そのため、前後のない衣服、表裏にとらわれないリバーシブルの衣服など誰でもどのような状況でも着られる衣服デザインが求められる。また発症初期の段階では、衣服の着脱行為やお洒落を楽しむ行為が生活を楽しくする上でのリハビリテーションの一つに成り得ると期待できる。

⑤ 悪性腫瘍

いまや日本人の死因の第一位に「がん（悪性腫瘍）」があげられ、２人にひとりはがんになるといわれている。がんは加齢により発生のリスクが増し、高齢化が進む日本にとって大きな課題となっている。

がんの治療法は、外科療法や抗がん剤使用の化学療法、放射線療法などがあるが、化学療法の副作用により、脱毛や倦怠感、頭痛、吐き気、むかつきなどの症状が表れる。この副作用は治療期間中続き、繰り返し長期間治療を受けるがん患者にとっては心身の負担が大きい。

がん患者の衣生活については、心身の負担を軽減することが求められる。入院中のパジャマの機能性はもちろんのこと、脱毛による羞恥心の軽減が心理的には重要である。

現在、がん治療の副作用による全脱毛時期に対応するウィッグのデザイン開発が進んでいる。素材は人毛から人毛風合成繊維まで多数開発され、髪の毛のカラーも髪型も豊富で選択肢が多い。

着装法は、ネットの上からの着装やピンによる着装などがある。しかし治療期間中、身体状況により頭皮が痛く着装できない場合があるため、がん患者の脱毛に配慮した帽子が有効である。

帽子の素材は、通気性と保温性を考慮した綿、絹、毛の平織素材を選択するとよい。デザインは、現状として筒状のものがほとんどである。そのため、今後はライフシーンに合わせたデザインバリエーションを提案することが求められる。

UNIVERSAL
FASHION

第5章
ユニバーサルファッションの工夫

ユニバーサルファッションの実現のためには、人と衣服と社会環境との快適な関係を考え、デザインすることが大切である。本章では、前章までに述べてきた高齢者や障害者の身体特性を把握した上で、アイテムごとに配慮点や工夫点など、適合するデザインを具体的に紹介する。

1 商品企画・デザインの工夫

1 多様な体型に適応する衣服を

欧米に比べてよく指摘されるのが日本の衣服サイズの乏しさである。

現在、国内アパレルメーカーが展開する婦人既製服のほとんどは、健常者の９号サイズを中心にデザインされている。そしてその前後のサイズ区分も極めて少ない。しかもこれらは服の大きさのサイズで、体型の違いには対応していない。アメリカではサイズの多様さに加えて、それぞれのサイズごとに７段階位の体型区分があるという。

人の体型は、細めから太めまでさまざまである。体型もまたその人の個性といえよう。しかしそれぞれに異なる体型が存在しながら、日本ではよく“標準サイズ”と言い表すことがあるが、これは個性や多様性の尊重からすれば、甚だ疑問である。

健常者においてもこのような問題が指摘される状況であり、まして健常者の体型と心身機能とが異なる高齢者や障害者に適応する服がないのは言うまでもない。

ファッションは日常生活を快適なものにする社会との媒介物である。着心地はその最もベーシックな衣服製作の課題である。

高齢者・障害者に配慮した各アイテムやパーツのあり方など、商品企画の考え方とデザインの工夫について述べる。

2 身体に合わせる工夫

① 背中が曲がっている人

加齢に伴い、体型は変化する。例えば高齢者は、背中が曲がり、前かがみの体型（図１）になる場合が多い。前かがみ体型の人の寸法は、背幅はやや広く、胸幅はやや狭くなる。つまり前かがみ体型の高齢者が上着を着用した場合、前着丈が下がり、後ろ着丈が跳ね上がる状態になる。

体型に合わせながら、バランスのよい美しいシルエットにするためには、前着丈を短く、後ろ着丈を長くし、裾が床から平行になるように補正する。また背幅をやや広く、胸幅をやや狭く補正することにより動きやすく、着心地のよい衣服になる（図２）。

上着の前襟ぐりが下がる場合は、首まわりに合うように、前襟ぐり線を上げて補正する。

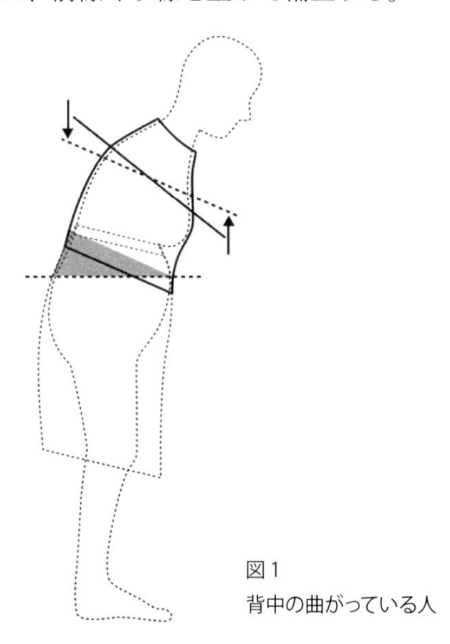

図１
背中の曲がっている人

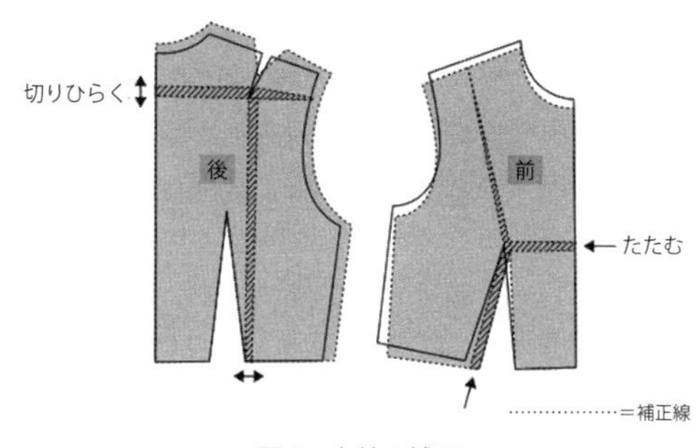

図 2　上着の補正

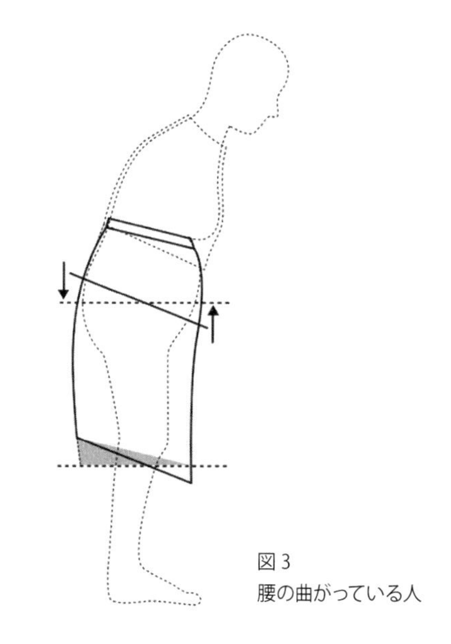
図 3
腰の曲がっている人

② 腰が曲がっている人

腰が曲がっている人もまた、前かがみの体型となる（図 3）。スカートを着用した場合も上着同様、身体寸法の変化により、前丈が下がり後ろ丈が跳ね上がる状態になる。

体型に合わせながら、バランスのよい美しいシルエットにするためには、前丈を短く、後ろ丈を長くし、裾が床から平行になるように補正する（図 4）。

またズボンを着用した場合も、前股上丈が余り、後ろ股上丈が不足するので、ズボンの後ろから腰が出た状態になる（図 5）。体型に合わせた、動きやすいシルエットにするには、前股上丈を短く、後ろ股上丈を長くし、適量のゆるみを加えて補正する。

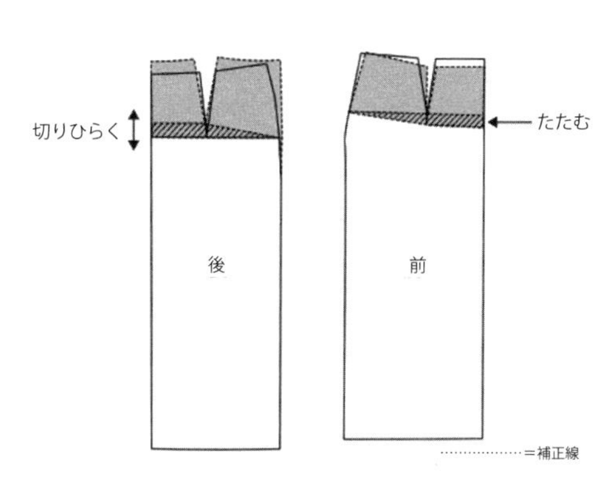

図 4　スカートのウエスト補正

③ おなかが出ている人

加齢とともに下腹部に皮下脂肪がつき、おなかの出ている体型となる人も多い（図 6）。

スカートを着用すると、前かがみ体型とは反対に、前丈が跳ね上がり、後ろ丈が下がる状態になる。体型に合わせながらバランスのよい、美しいシルエットにするには、前丈を長く、後ろ丈を短くし、裾が床から平行になるように補正す

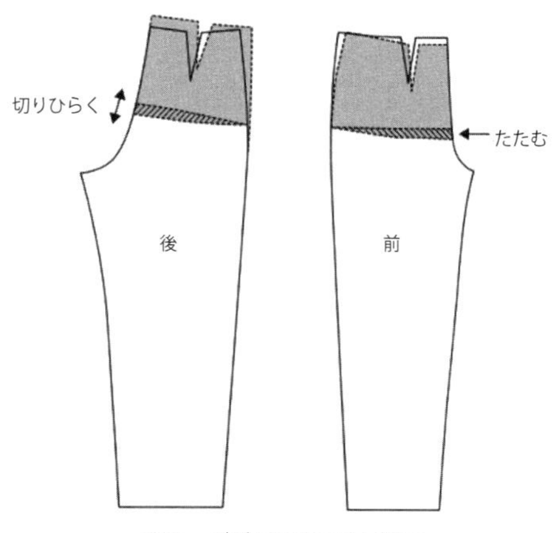

図 5　ズボンのウエスト補正

る。また加齢とともに、下腹部に厚みが出るため、前幅をやや広く、その分後ろ幅を狭くし、前後差をつけることにより着心地のよいスカートになる（図7）。

ズボンを着用した場合は、前股上丈が不足し、後ろ股上丈が余りズボンの前が落ちたような状態になる。体型に合わせるため前股上丈を長く、後ろ股上丈を短くし適量のゆるみを加えて補正する（図8）。

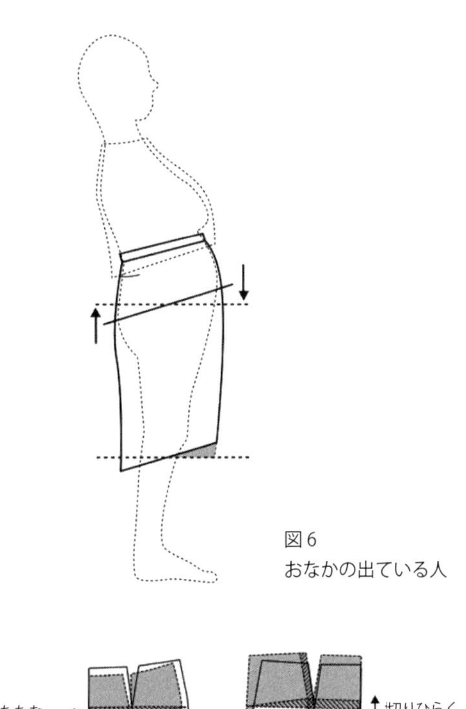

図6
おなかの出ている人

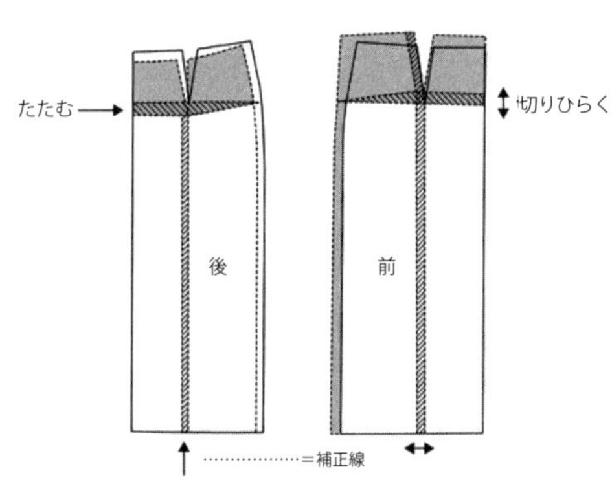

図7　スカートのウエスト補正

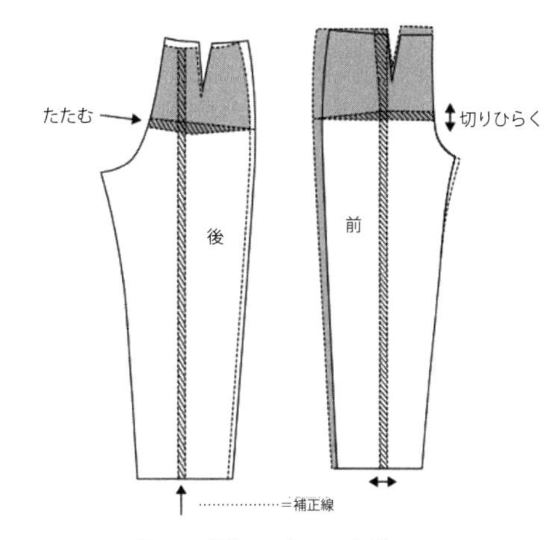

図8　ズボンのウエスト補正

④ ウエストとヒップの差が少ない人

加齢に伴い、ウエスト回りが太くなり、ヒップの差が少ない寸胴体型になる場合が多い。スカートやズボンをはくと、ウエスト部分の寸法が不足し、引きつれじわが出たり、スカート部分がベルトにかぶったりする。体型に合うようにウエスト寸法を出し、ヒップとの差を少なくする（図9・10・11）。

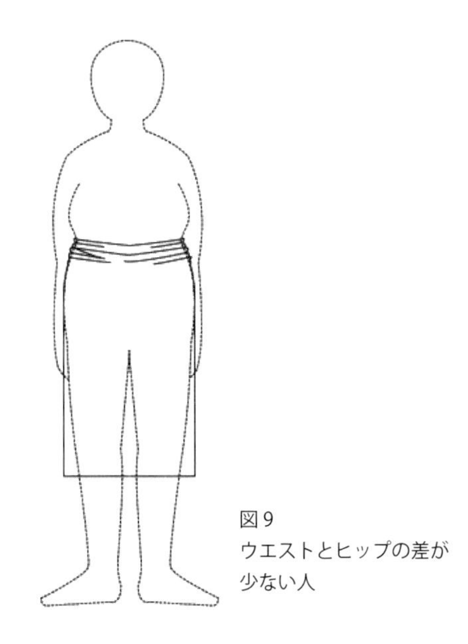

図9
ウエストとヒップの差が少ない人

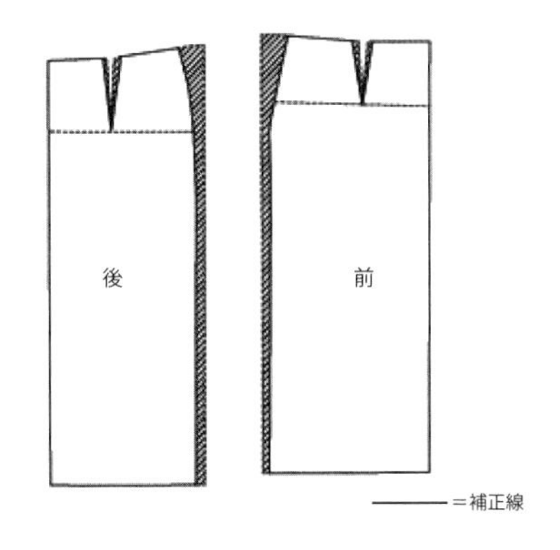

図10　スカートのウエスト補正

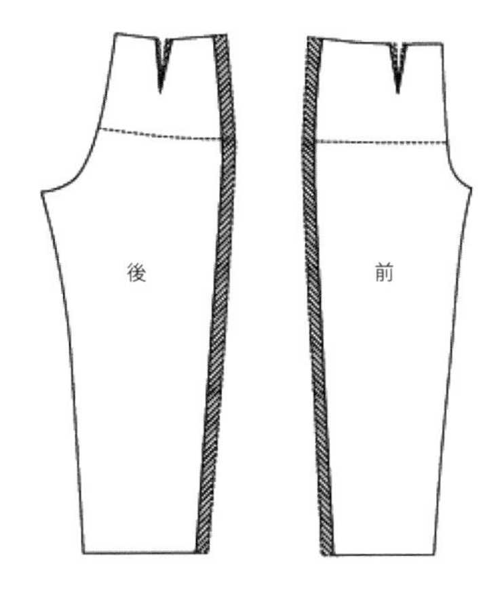

図11　ズボンのウエスト補正

3　整理整頓の工夫

① ポケットや小物を使う工夫

私たちは常に、ハンカチやティッシュペーパー、めがね、財布、携帯などいろいろな小物を身に付けている。また、めがねや補聴器は生活の必需品である。

これらをコンパクトに便利に持参するには、ポケットの多い衣服やバッグを活用するとよい。手で持つと歩行の邪魔になる場合、ポシェットやウエストポーチを身に付けたり、開閉しやすいバッグを持つと使いやすい。

② 置き忘れやしまい忘れへの工夫

加齢に伴い、置き忘れやしまい忘れが多くなる。めがねクリップやおしゃれなチェーンをつけためがねを身につけると置き忘れが少なくなる。またバッグの中に入っているものの整理がつかず、何を持参しているのか分からなくなることも多い。見てすぐ分かるように、色で分類したり、透明ケースを使い分別すると使いやすい。

③ 自分のものがわかる工夫

病院などで生活していると共同で洗濯する場合が多い。衣服に名札を付けたり、胸元に名前の刺繍を入れたり、リボンを付けたりすることにより迷わずに分別ができる。

4　片麻痺者に合わせる工夫

片麻痺者など、身体の左右バランスの異なる人は、下がった肩に、上着が引かれ、着崩れる(図12)。そのような場合、下がっている肩にパッドを入れる（図13）ことにより、左右両肩の寸法や高さが同じになり、バランスのよいシルエットとなり、着崩れを防ぐことができる。

また襟のデザインにより着崩れを防ぐことができる。例えば、テーラードカラーやボートネックなど、襟元が大きく開いているデザインは、着崩れしやすい(図14)。しかしスタンドカラーなど首にそったデザインは、着崩れしにくい（図15)。

着脱しやすくするためには、伸縮性のある素材を使用したり、シャツスリーブやドルマンスリーブなどアームホールの大きいデザインを選択するとよい。

上着のデザインには前開きやかぶり式などがあり、上肢の残存能力に合わせて着脱しやすいデザインを選択する。後ろファスナーの場合、後ろ中心に付けるのではなく、健常の手の可動域に合わせてファスナーを付けると開け閉めしやすい。

また片麻痺者にとって、ポケットが付いている衣服は便利である。

バッグが肩からずり落ちないよう肩から斜めにポシェットをかけたり、ウエストポーチを身に付けたり、身体状況に合わせた開閉しやすいバッグを持つと使いやすい。またバックの開口に、キーホルダーなどを付けると開閉がしやすくなる。

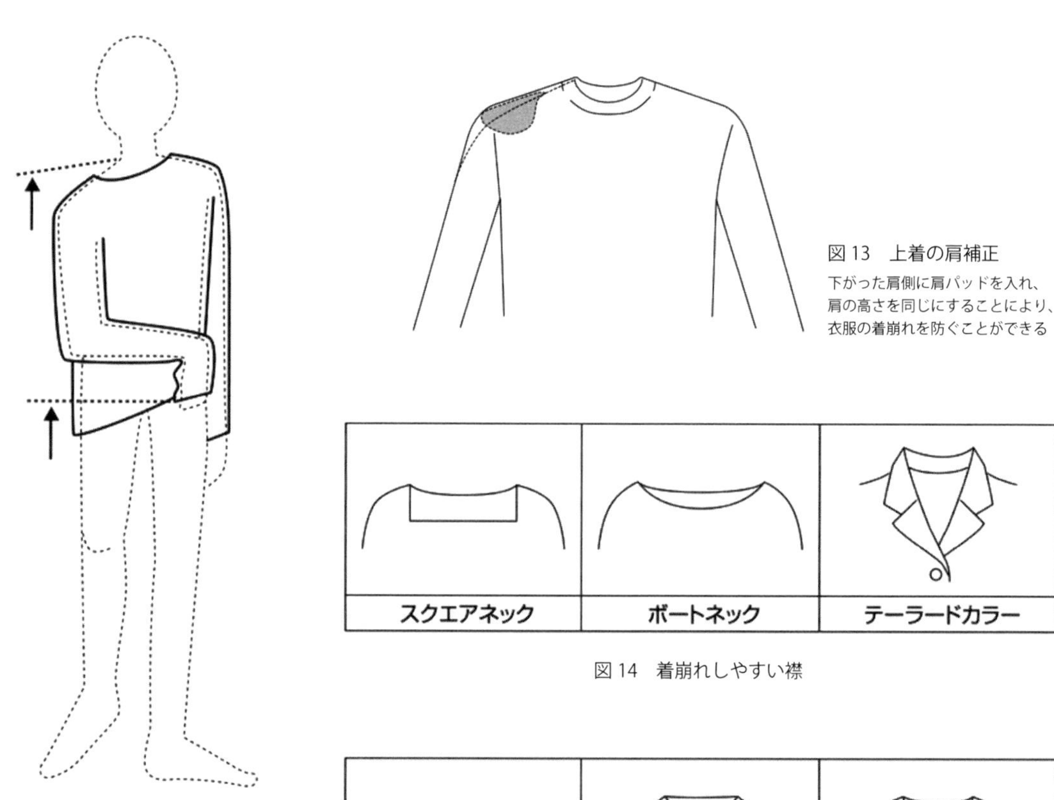

図 12　左右バランスの異なる人

図 13　上着の肩補正
下がった肩側に肩パッドを入れ、
肩の高さを同じにすることにより、
衣服の着崩れを防ぐことができる

図 14　着崩れしやすい襟

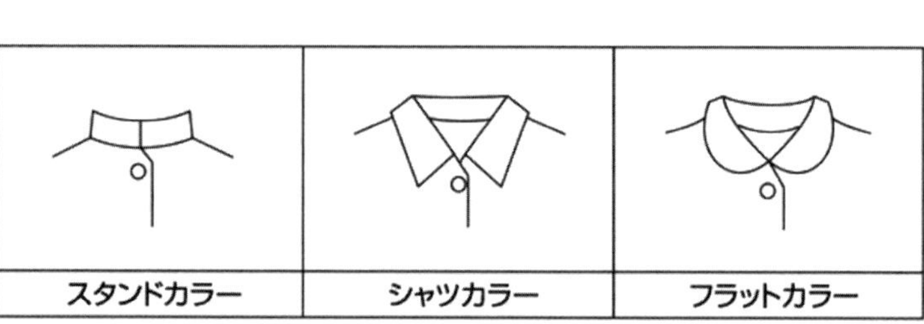

図 15　着崩れしにくい襟

5　車いす使用者に合わせる工夫

① 上着の工夫

車いす使用者など、座り姿勢の長い人は、立位を基本とした既製服では体型に合わない場合が多い（図 16）。

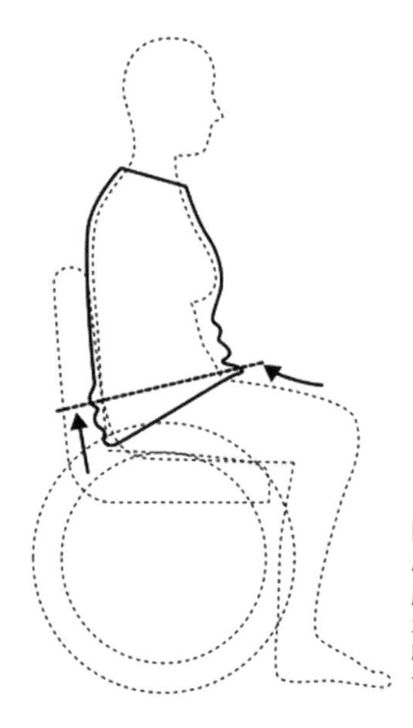

図 16
座り姿勢の長い人
座り姿勢の長い人は、立位を基本とした既製服が体型に合わない場合が多い

例えば、通常市販されている上着丈は、ウエストやヒップが隠れる長さのものが多く、そのため座り姿勢の人が着用すると、前丈も後ろ丈も余り、周辺にたるみができたり、しわになるなど、着心地が悪くなる。また前後幅も不足し、前身頃が開き、ボタンが留められなくなる場合もある。

座り姿勢に合うように、着丈や身幅を、体型に合わせて補正する。また人の体型は、座り姿勢時に、ウエストとヒップの回り寸法が長くなり、上半身が台形形状になる。したがってＡラインの上着は座り姿勢を美しく見せるシルエットである。

いすの移動により、肩や腕の筋肉が発達している人は、腕が動きやすいように肩線を上げ、アームホールを広く補正するなど、体型に合わせて補正することが必要である。

② ズボンやスカートの工夫

座り姿勢では、立ち姿勢の時と比較して、ウエストからヒップにかけての回り寸法が長くなる。既製のズボンやスカートをはいた場合、ウエストがきつい、後ろ股上が短く背中が出る、前がだぶつくなどの問題点があげられている。
またズボン丈も股部分に引っ張られ短くなるため、座り姿勢に合うようにくるぶし丈までの長さに補正する。

座り姿勢のズボンの型紙を考える場合、着心地のよいゆるみを考えた上で、前股上丈を短く、後ろ股上丈を長く補正し、ウエストやヒップ、股上を締めつけない寸法にすることと、ズボン丈の補正も必要となる。

③ 袖が擦れることへの工夫

手動の車いすを使う人は、タイヤに腕や肘が擦れて袖が汚れたり、破れたりすることがある。

擦れる部分に耐久性のある素材で腕当てをデザインするなど、袖の擦れを少なくするように心がける。袖丈を少し短めにすると袖口の擦れが少なくてすむ。

④ ポケットの工夫

車いす使用者は、座り姿勢が多くなるため、上着やズボンの脇ポケットが使いにくい。そのような場合、上着の胸や前部分にポケットをつけると使いやすくなる。ズボンの場合は、脇の膝下部分にポケットを付けると使いやすい。

⑤ 褥瘡への工夫

車いすを使う人は長時間座り姿勢なので、臀部に褥瘡※1ができやすい。硬い素材を避け、通気性のよい素材を使用することや、後ろ身頃のデザインはシンプルにし、後ろポケットや切り替線は避けるほうが無難である。

※1　褥瘡（じょくそう）：寝たきりなどによって、体重で圧迫されている場所の血流が悪くなったり滞ることで、皮膚の一部が赤い色味をおびたり、ただれたり、傷ができてしまうこと。一般的に「床ずれ」ともいう。

⑥ 雨の日の工夫

雨でも外出しなければならないこともある。車いすを操作しながら傘をさすことは困難なので、レインコートなどの雨具が必要となる。

レインコートは、軽くてむれない透湿防水素材を使用することが望ましい。またフード部分に透明素材を使ったレインコートを使用すると視界が妨げられなくてすむ。そのほかにレインポンチョ、下半身用レインコート、レインスカート、靴カバーなども市販されているので、それらをうまく活用し、濡れないように工夫する。

健常者から見ると、低い位置に見えるので認知しにくい。そのような場合、認知しやすいように、レインコートには反射素材や明るい色を使うなど、安全への工夫が必要である。

⑦ 固定ベルトを使う人への工夫

座位姿勢を保つことが困難な人は、腰の固定ベルトを使用することがある。上着の脇にベルト通しの開きをつくり、スリットを入れることにより、固定ベルトが上着で隠れ、目立たなくてよい。膝を合わすことが困難な人は、脚の固定ベルトを使用する。ズボンの色と合わせると、ベルトが目立たなくてよい（図17）。

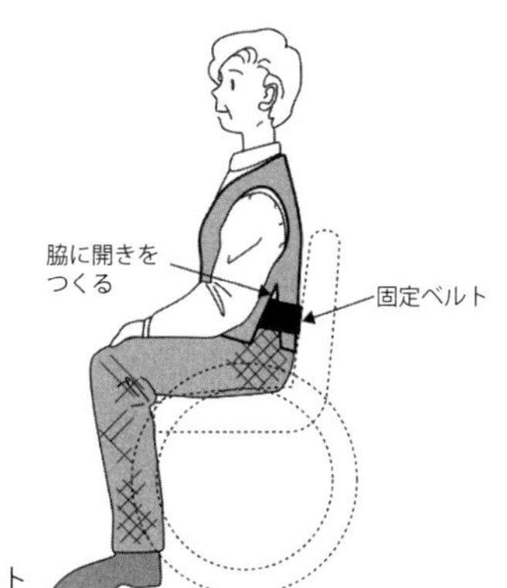

図17　固定ベルト

⑧ ハンドリムを握る力の弱い人への工夫

ハンドリムを握る力の弱い人は、車いすがこぎにくい。こぎやすくするためには滑り止めの素材を使った手袋を使用するとよい。

6　松葉杖を使う人

松葉杖を使う人は、衣服が松葉杖に引っ張られ、前の打ち合わせが開いたり、脇の裾が上がったり着崩れを起こす。そのような場合は、前開きを途中まで縫いつけ、前立て部分にボタンやファスナーを付けて使用するとよい。運動量の多い人は、縫い目が裂ける場合もあるので、布地の丈夫なものを選び、縫製を丈夫にするなどの工夫が必要となる。

また長時間松葉杖を使用すると、脇に汗をかくので、吸湿性のよい素材を使った松葉杖カバーを使用するとよい。カバーには、マジックテープなど付け外ししやすいものを使い、衣服の色やイメージに合わせてデザインするとファッション性が高まる。

7 義足や下肢装具を使う人

義足や下肢装具などを使う人が補装具の厚みを考慮していない場合、ズボンに補装具が引っかかりズボンが破れることがある。そのような場合、補装具の厚みを考慮して、ズボンの幅を広くする。

また補装具がずれる場合、ずれを直す必要も出てくる。その工夫としては、ズボンの着脱がしやすいように、患側の足にロングファスナーを付け、開閉しやすいようにする。またズボンに裏地を付けることにより、滑りがよくなり着脱しやすく、ズボンを補強する効果もある。

義足や下肢装具を使う人は、両側の靴のサイズが異なる。現在、左右一足ずつ、サイズ購入できる商品があるので活用するとよい。足の長さの違う人には、左右の足の長さを同じにするため、靴底の高さを調節し、バランスよく見える工夫をする（図 18）。

図 18　バランスに配慮した靴

現在、装具を使う人も利用できる靴が市販されているが、布製のものがほとんどで、種類も少なくファッション性に欠けるものが多い。 生活シーンに合わせたおしゃれな靴の開発が望まれる。

8 目の不自由な人への工夫

見えない人や見えにくい人は、衣類に関する識別や判断に困難が生じる。例えば、衣服の前後や裏表の見分けがつかない、また形は分かるが、色が分からないので組み合わせができないなどの問題がある。これらの対応として、衣類の縫い代やタグで裏表の確認をする。自分が分かりやすい部分に、糸やボタン、ホックなどで目印を付け、それらの意味を決めておく。点字ラベルを付けておくなどの工夫がある（図 19）。色が分からない場合は、似合うカラーコーディネートを、ファッションの専門家にアドバイスしてもらうと、おしゃれに装うことができる。

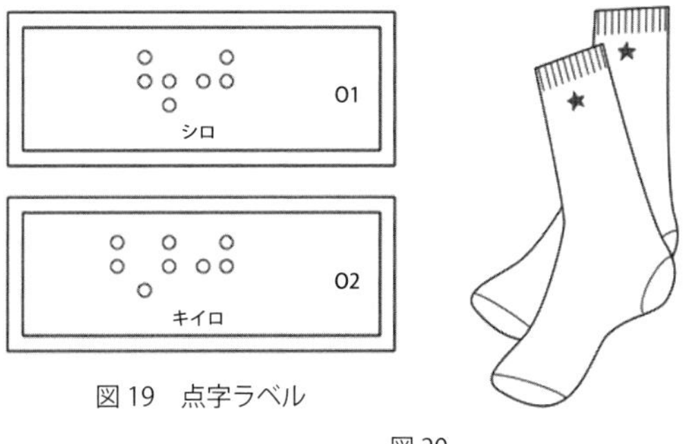

図 19　点字ラベル

図 20
ペアのソックスがわかる目印

管理面では、衣類の収納や分類が困難になる。その工夫として、衣服の収納場所に、毎日着用するアイテム順に引き出しを作り、目印を付けておくと区別しやすい。衣類の分類が分からない場合は、ペアである衣類に目印を付けておくと洗濯後の分類が分かりやすくなる（図 20）。前後が同じデザインやリバーシブルの衣服は、どこから着用してもよいので間違いがなく便利である。

9　安全・安心の工夫

① 危険防止への工夫

加齢や障害による身体機能の低下は、室内においても足元がふらついて転倒する、ものを引っかけてけがをする、台所で 調理中にやけどをするなどといった事故を招くこともある。

現在、これらの事故を未然に防ぐため、さまざまな安全・安心商品が市販されている。火の事故から身を守るための不燃性かっぽう着や滑り止めの付いた靴下・スリッパ・靴（図 21)、静電気を防ぐ帯電防止手袋などが開発されている。日常生活においてもできるだけ事故を未然に防ぐ、あるいは起こったとしても、損傷が最小限におさえられる危険防止への備えを日常生活に取り入れることが大切である。

② 他者から視認しやすい工夫

下肢の運動機能が低下すると、歩行が遅くなり、横断歩道を渡るのにも時間がかかる。そのため 自動車事故に遭う可能性が高くなる。

例えば、車いす使用者は、座り姿勢のため他者から視認されにくく、常に外出に危険を伴う。また聴覚障害者も後ろから来た車やバイク、自転車などのクラクションが聞こえず、危険な目に遭うことが多い。これらの事故を未然に防ぐために、他者から視認されやすい工夫を考えることが大切である。

街中では、道路工事や郵便配達の作業着に、夜にマラソンをしている人のスポーツウェアに反射材[※1]が使用されたり、子ども靴や自転車に蛍光シールが付けられているのを見かける。これらは他者から視認されやすく、安全性を確保するために考えられた素材である。これらの素材を、高齢者や障害者の衣服や帽子、車いす、杖など、日常生活で身に付けるものに、活用することが今後ますます重要となる（図 22・23）。

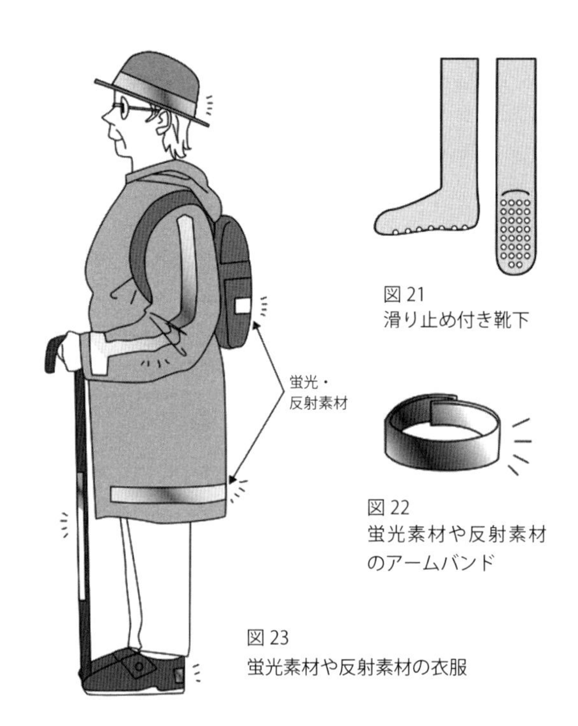

図 21
滑り止め付き靴下

図 22
蛍光素材や反射素材のアームバンド

図 23
蛍光素材や反射素材の衣服

※1　反射材：光がどの方向から当たっても光源に向かってそのまま反射する性質を持つ素材のこと。反射材を身に付けていると、車のヘッドライトの光が当たると、光源である自動車に向かってそのまま反射され、ドライバーからはよく光って見え安全である。

10　生理機能に合わせる工夫

① 体温調節の工夫

加齢や障害の程度によっては生理機能が低下する。

例えば、体温調節機能が低下すると、外気に対する抵抗力が弱くなる。また寒暖差を感じにくくなり、風邪をひきやすくなる。近年は、建物の空調設備が年間を通じて管理されており、夏はクーラーがききすぎて寒く、冬は暖房がききすぎて暑いなど、室内外の気温差が大きくなり、体温調節がしにくい環境にある。このような状況に対して、体温調節が手軽にできる工夫を考えることが大切である。

体温調節しやすくするには、着脱しやすく持ち運びしやすい衣服や小物を活用するとよい。例えば、ベストやカーディガン。ストールは着脱しやすく、季節の変わり目などに適した衣服である。フード付きトレーナーやベストも、雨の日や風の強い日に重宝する衣服である。持ち運びしやすい帽子、スカーフ、扇子などは外出時に携帯して必要な時に使用するとよい便利な優れものである（図 24）。

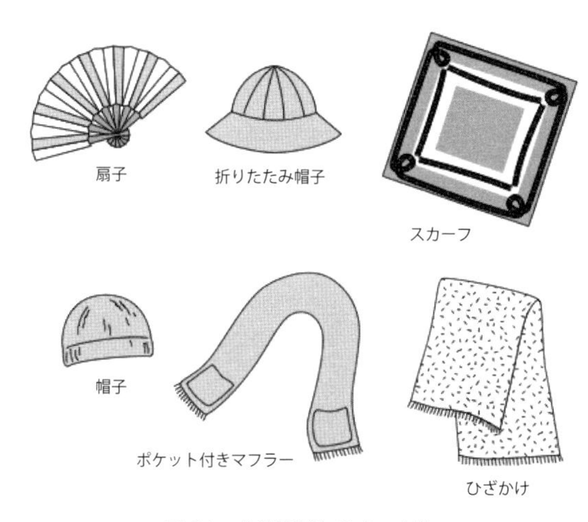

図 24　体温調節しやすい小物

② 保温性の工夫

体温調節機能が低下すると、手足や肩・腰が冷えやすい状況に陥り、冬は特に活動しにくく屋内に閉じこもりがちになる。それらを補う工夫として、保温性を高めるデザインと素材を活用するとよい。

例えばスタンドカラーやハイネックなどの首回りを包み込むデザインやヒップ丈のジャケットやセーターを着用すると温かい。裏地を付けることも保温性を高める工夫のひとつである。特に冷えやすい関節部分には、保温素材や二重構造仕様の素材を使用する。また帽子やマフラー、手袋などの小物を組み合わせることにより保温性を高めるとともにおしゃれも楽しめる。

近年、保温素材では、軽くて温かいフリース素材が日常生活に浸透し、繊維が発熱する合成繊維などの開発も進み、下着や靴下、セーター、ジャケット、コートに至るまで、多数の服種に活用され市販されている。これらを着用することにより保温性が保たれ、冬の外出もしやすくなる。

③ 吸湿性や通気性の工夫

長時間、同じ姿勢で寝ていたり、座っていたりすると、同じ部分が接触し圧迫されるため、血液の循環が悪くなり、背中や臀部がむれて、汗をかいたり、褥瘡の原因になる。これらを予防するためには、吸湿性や通気性がよいデザインや素材を活用するとよい。

例えば、デザインでは、ゆるみ分量を多くしたり、背中や脇に開きをつけたりすることで、通気性がよくなる。特に日本の夏は、湿気が高く蒸し暑いので、涼感のある麻や絹、綿素材を使用すると涼しい上に肌触りがよい。

現在、素材や素材加工の研究開発により、吸湿性や通気性のよい合成繊維も多数販売されており、扱いやすく、年間素材として着用されている。

④ 敏感肌への工夫

身体の生理機能が低下すると、肌が弱く、敏感になりかぶれやすくなる。直接肌に触れる素材には特に注意を払う必要がある。

近年では、より快適なニーズに対応した、さまざまな繊維や加工方法が開発されている。しかし、抵抗力の弱い人や敏感肌の人が着用すると、加工時に使用した薬品が肌に付着してかぶれたりする場合も多い。

購入時に品質表示をよく読み、ノンホルマリン加工の素材や肌にやさしい刺激の少ない素材を選択し着用することが大切である。また敏感肌の人は乳児と同様に肌が弱く、衣服の縫い代が肌に触れるだけでかぶれる場合がある。それらを防ぐために、縫い代が表側にある肌に触れる部分に凹凸のない肌着を着用するとよい（図25）。また新しい肌着は一度洗ってから着用するほがよい。

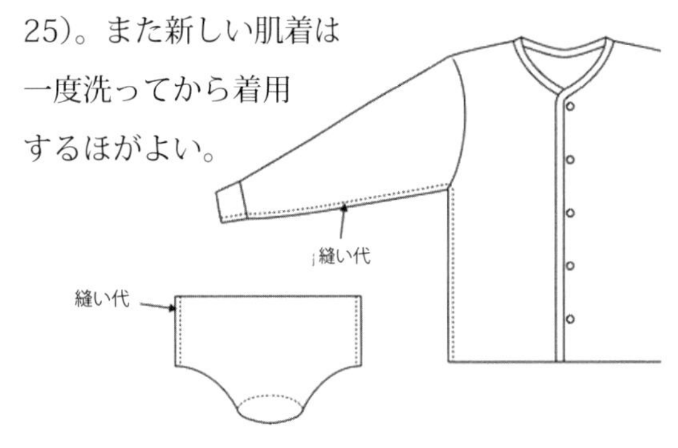

図 25　縫い代が表側に出ている下着

⑤ 身体に負担のかからない工夫

重い衣服は、健常者でも肩が凝るものである。軽くて着心地のよい衣服は、身体への負担も少なく快適に着用できる。細番手の綿・毛・絹・カシミア素材は、軽くて肌触りもやさしい。冬期に向けては、化学繊維のアクリル・ポリエステル系の軽くて温かい軽量素材も、多く開発されている。寒い時期、TPO に合わせて活用するとよい。

⑥ 衛生面の工夫

加齢や障害により排泄機能に支障をきたしたり、食べこぼしが多くなると、衣服に尿や便、食べ物のにおいが付着する。

現在、衛生面への関心が高く、快適機能素材が多数開発されている。抗菌、消臭、吸収速乾作用などの素材が、シーツ、ベッドパッド、おむつ、下着、エプロン、パジャマ等、多岐にわたって取り入れられている。これらの素材を適宜活用し、身体を常に清潔に保つことが大切である。また生理機能が低下すると菌に感染しやすくなるので、除菌作用のある漂白剤が使用できる素材を選択することも大切である（表 1）。

表 1　快適機能素材の活用

機能素材を活用した衣服	素材機能	着用機能
吸汗・速乾性のある衣服	吸汗・速乾性	日常時 スポーツ 旅行
透湿・撥水性のある衣服	雨をはじき、 蒸れにくい性能	雨降り 旅行
保温性のある衣服	保温性	日常時 旅行
肌に優しい衣服	吸湿・保温性 弱酸性 抗菌・防臭性	日常時
においがつきにくい素材	抗菌・防臭性	日常時 旅行
軽い衣服	軽量	日常時 旅行
光を反射する衣服	再帰反射機能	夜間の外出 旅行
燃えにくい衣服	難燃・防炎性	日常時 タバコ吸飲 調理時

11 着脱しやすい工夫

① 残存能力に合わせる副資材

● ボタン使い

指の巧緻性が低下し、握力の弱い人はボタンが留めにくくなる。ボタンを使用する場合は、少し厚みのある大きめのボタンを使用すると留めやすくはずしやすい（図 26）。

● ホック使い

ボタンの留めにくい人は、ボタンの代わりにホックを使用すると留めやすい。近年では握力の弱い人にも対応できる留めやすいホックが多数市販されているので、活用するとよい（図 27）。

● マジックテープ使い

握力が弱くボタンが留めにくい場合、衣服の着脱が容易にできるマジックテープを使用するとよい。近年では、柔らかくごみや糸屑がつきにくいマジックテープが開発されている。身体状況に合わせて活用することが望ましい（図 28）。

● ファスナー使い

ファスナーを使用することにより衣服の着脱が、容易に手早くできる。着用者の ADL に合わせてファスナーの長さや付ける箇所、本数を決め着脱しやすい工夫を心がける（図 29）。

● リングやループ使い

ファスナー先の留め金がつかみにくく開閉しにくい場合、ファスナーの先におしゃれな形 のリングやループを付けるとよい。リングに指を通すことにより、ファスナーの開け閉めが容易になり着脱しやすくなる（図 30）。

● ゴム使い

ズボンのボタンやホックが留めにくい場合、ウエスト回りにゴムを使うとよい。ゴムの伸縮により着脱が容易に手早くできる。着用者の好みによりゴムの使用本数を決める。

例えば、太いゴムを 1 本使用すると、ウエストにしっかりフィットするし、2 本の細いゴム（0.8 ～ 1cm 位）を使用すると、1 本ずつ調節でき、ウエストへの負担も少なくなる。

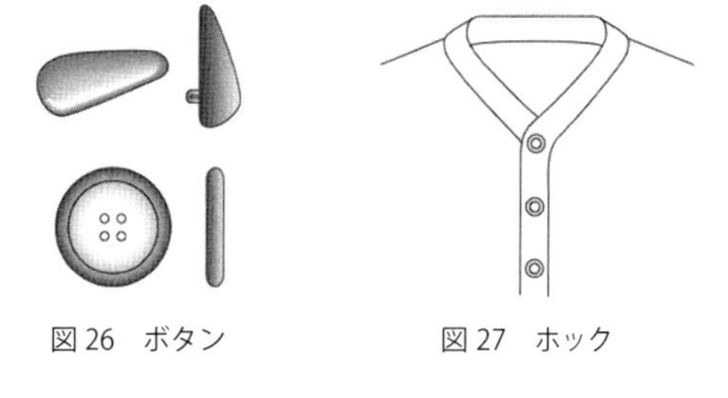

図 26　ボタン　　図 27　ホック

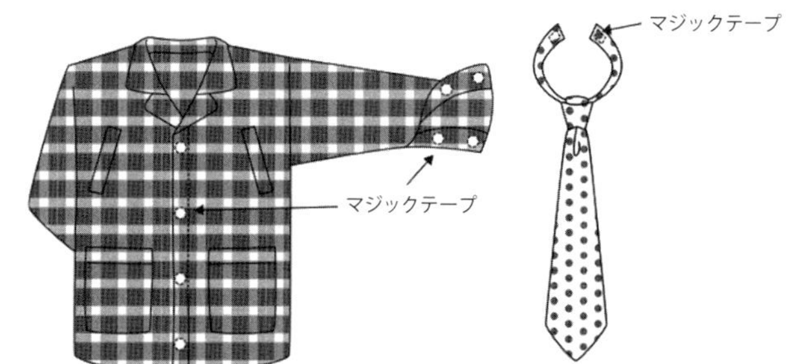

図 28　マジックテープ付きパジャマ・ネクタイ・靴

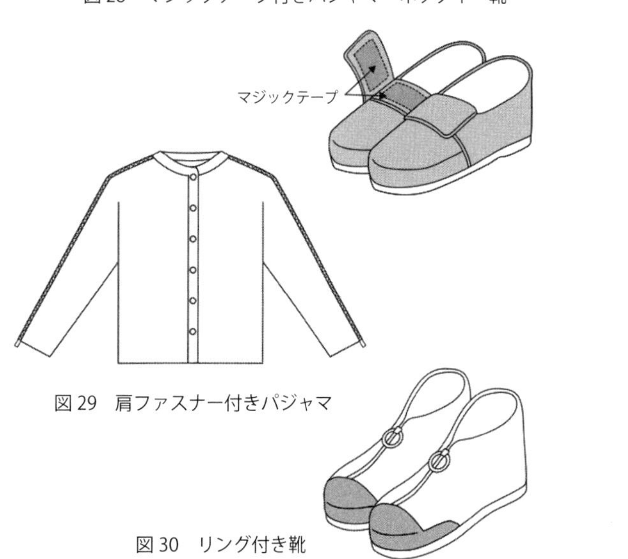

図 29　肩ファスナー付きパジャマ

図 30　リング付き靴

② 伸縮性のある素材

腕が上がりにくく、通しにくい場合は、素材の選択とデザインの工夫が必要である。素材は軽く、伸縮性のあるストレッチ素材やニットを使用すると着脱しやすく、腕を通しやすい。デザインでは、身体をしめつけない適量のゆるみを考え、運動量の多い部分に伸縮性のある素材を使用し、動きを妨げないデザインを心がける。

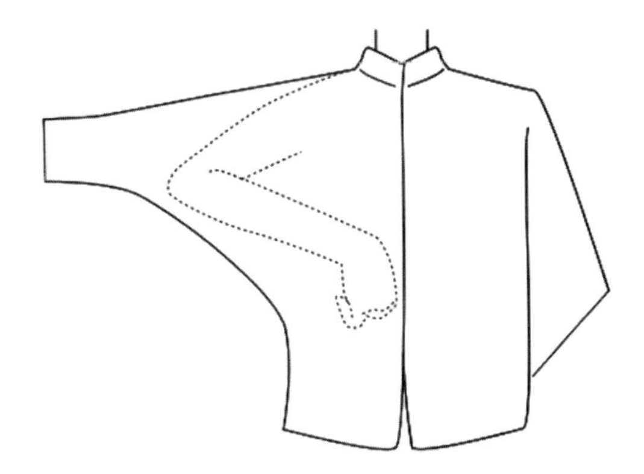

図31 アームホールの広い袖

③ 着脱しやすいゆるみと形

衣服のゆるみは少なすぎると動きにくく、多すぎてもだぶつき、裾を踏んだり、袖を引っかけたりする。衣服デザインでは着用者の着脱行為に配慮した適度のゆるみ分量が必要である。

腕が上げにくい人や動きづらい人は、シャツスリーブなどアームホールの広いデザインを選択すると、腕を曲げたままでも着脱しやすくなる（図31）。また背中が丸く曲がった人には、後ろ身頃を広めに取り、背中にゆとりをもたせることにより着脱しやすくなる（図32）。着用者の体型や身体状況に合わせた工夫を心がけることが大切である。

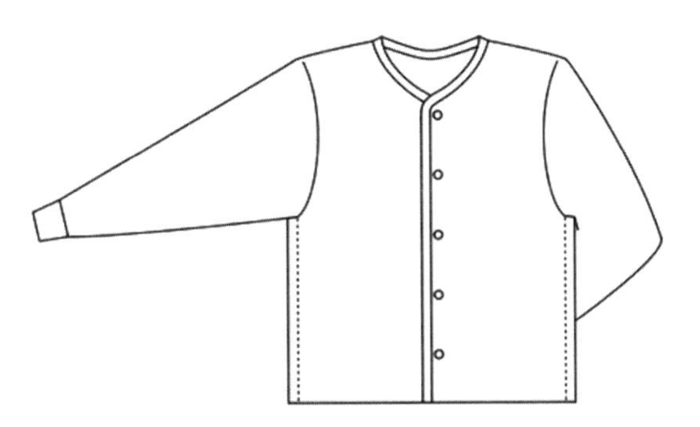

図32 後ろ身頃の広いシャツ

④ 滑りがよくなる裏地使い

裏地のない衣服は、すべりが悪く着脱しにくい。裏地を付けることにより、すべりがよくなり着脱が容易になる。上着の場合は、袖だけ裏地を付けても着脱しやすくなる（図33）。

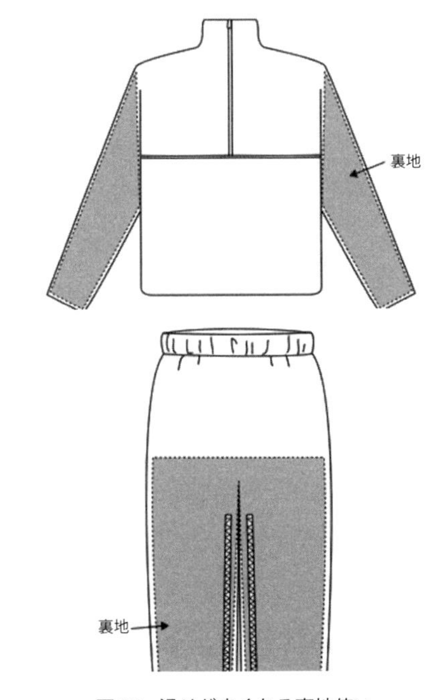

図33 滑りが良くなる裏地使い

12　生活シーンに合わせる工夫

① 食事行為とエプロン

私たちにとって食事は最も楽しい行為である。しかし握力や手指の巧緻性が低下すると、食べこぼしで衣類を汚してしまう。そのような場合は、エプロンを使用すると、衣服を食べ物のしみや汚れから防ぐことができる。エプロンは洗濯回数が多くなるため、防水、防汚、速乾性、耐久性など機能性で選択することが多い。

しかし、着用者も介護者も食事の雰囲気が明るく楽しくなるような色や柄を選ぶことも忘れてはならない。

図34は、エプロンの紐が結びにくい人、手を上げにくい人、後ろに手が回せない人など身体状況に合わせて、着脱しやすいように工夫したエプロンのデザイン例である。身体状況に合わせて活用してほしい。

図34　エプロンの工夫

② 就寝行為とパジャマ

私たちにとって就寝時にねまきやパジャマに着替えることは衣生活の基本である。入院時においては治療を行うための必要な衣類となる。

加齢や障害によっては、皮膚が敏感になりかぶれやすくなるので、直接肌に触れるねまきやパジャマは、吸湿性や保温性のある肌にやさしく触感のよい素材のものを選択することが大切である。

現在、着脱しやすいマジックテープやファスナーを使用したねまき、前開きや和式型パジャマなどさまざまなデザインのものが市販されている。着脱の自立度や治療の程度に応じて選択することが望ましい（図35）。

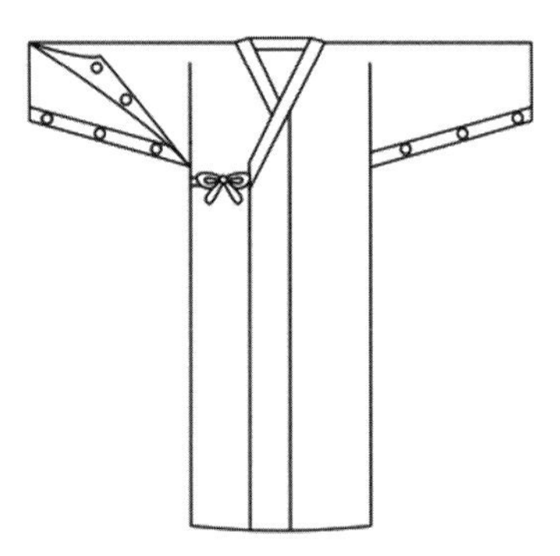

一部式ねまき
前合わせ式の着物型ねまき。
寝かせた状態での着せ替えが簡単にできる。
手術にも適している。

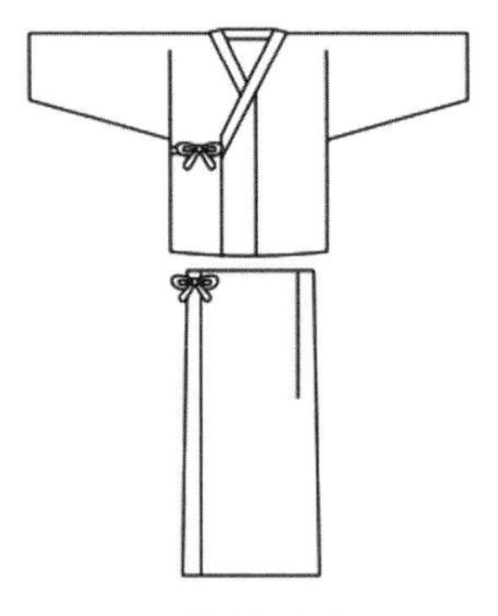

二部式ねまき
下が腰巻型の分離式ねまき。
ゆったりした着心地でおむつ交換が簡単にできる。

前開きパジャマ
前面と袖口がマジックテープ使いの前開きパジャマ。
ウエストにもゴムを使用しているので着脱しやすい

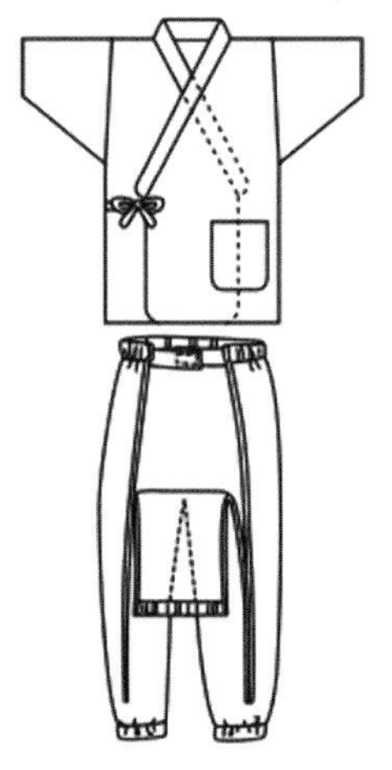

和式介護パジャマ
アームホールがゆったりとした和式パジャマ。
ズボンの前両側にロングファスナーを
使用しているのでおむつ交換が簡単にできる

図35　着脱しやすいねまきとパジャマ　着用者の身体状況に合わせてパジャマのデザインを選択する

③ 着脱行為と肌着

肌着は、吸湿性や保温性、防汚性などの保健衛生を目的とした直接肌につける衣類である。加齢や障害の程度により手が上がりにくい、上着を頭から通しにくいなどの機能低下が表れてくると、肌着の着脱に支障をきたす。着脱しやすくするために、マジックテープやホックなどを使った前開きや肩開き、脇開き、合わせ型など、さまざまなデザインの肌着が市販されている。着用者の着脱可能動作に合わせて選択するとよい（図 36）。

④ 排泄行為と下着＆ズボン

パンツの選択については、着用者の失禁回数や尿量など、排泄状況に合わせて選択する必要がある。軽度の失禁を伴う人は、股部分が多重構造で防水加工のある軽失禁パンツを、やや失禁の多い人は、股部分が開閉できる中軽失禁パンツやそれと尿パッドの併用や紙おむつを選択するとよい。

失禁パンツをうまく活用することにより、安心して外出でき、生活の質向上につながる。

排泄行為は、日常生活において最も頻繁に行

図 36　着脱しやすい肌着　着用者の身体状況に合わせながらも残存能力を活かせるデザインを選択する

われる行為で、常にパンツやズボン、スカートなどの着脱行為を伴う。

着用者にとっても介護者にとっても、共に最小限の労力で着脱できる工夫が配慮されていなければならない。加齢や障害に伴い、膀胱の筋肉運動が低下するため、排尿を感じると排泄までの時間が短くなり、トイレに行く途中で漏れてしまう場合がある。麻痺があるとパンツやズボンの着脱に時間がかかるので、できるだけ簡単にすばやく着脱できる工夫を考えることが望ましい。

ゴムやマジックテープ、リング、ファスナーなどの付属材料を着用者の残存能力に合わせて活用することにより、着脱しやすく着脱させやすいズボンになる。着用者にとっても介護者にとっても共に負担の少ないズボンを選択することが大切である（図 37）。

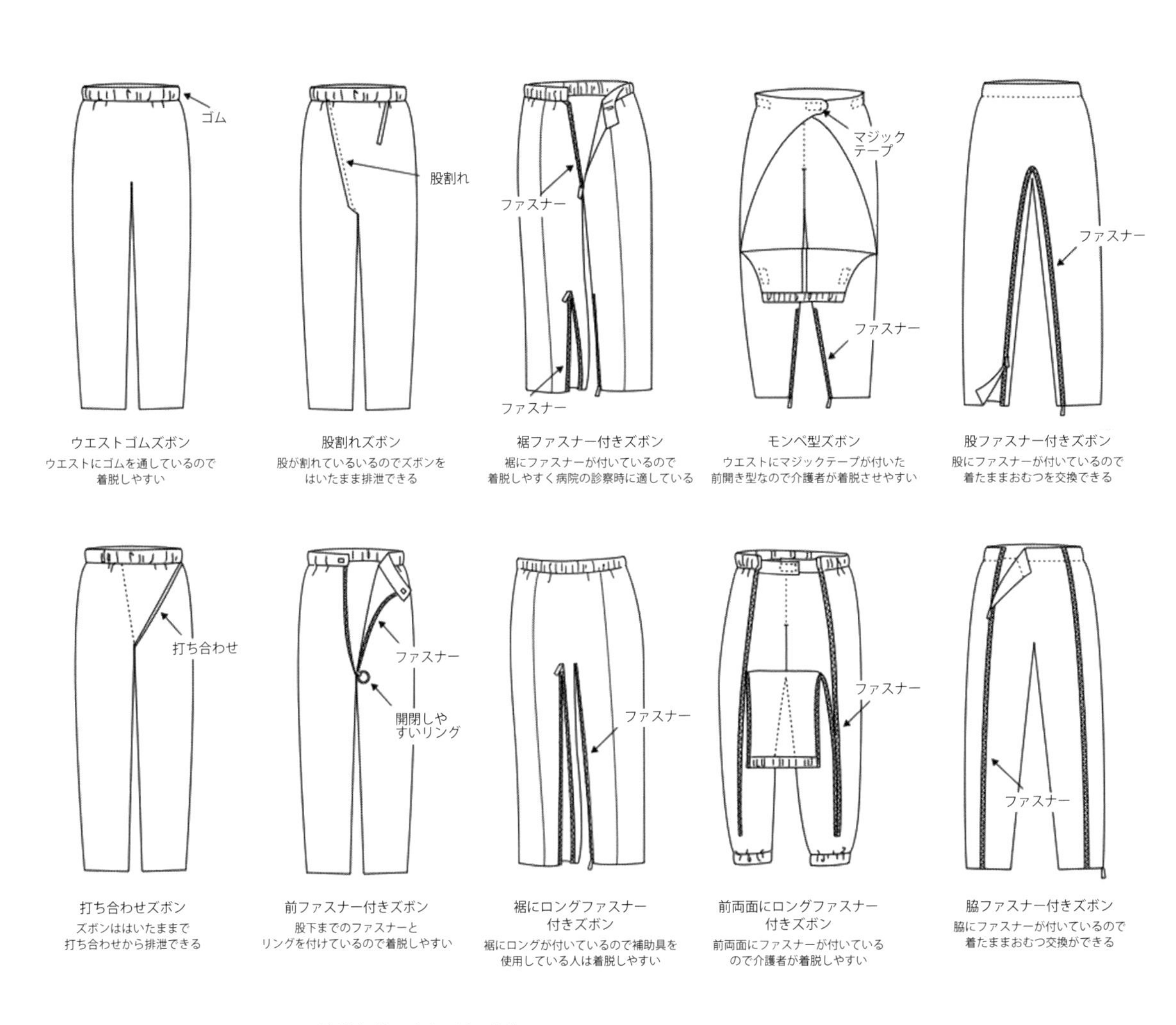

図 37　排泄行為に合わせたズボン　着用者の残存能力に合わせてズボンのデザインを選択する

2 誰もが楽しめる施設の工夫

1 バリアフリーのまちづくり

近年、すべての人にとって安全で快適な社会環境をつくることが求められている。ただこの場合に一般にイメージするのは、子育て世代を支援する保育園や児童館の増設、高齢者の養護老人ホームや敬老館の新たな拡充といったように思われがちだが、施設そのものの整備を指しているのではない。もちろん、そのこと自体は大切なことだが、現在の日常の空間に既に存在する建物や道路、駅のホームなどが高齢者や障害者を含むすべての人にとって安全に配慮されたものになっているか、を問うている。

このような考え方は、多くの人が利用する飲食店や物品販売業を営む店舗などにも反映されることが望ましい。店舗内における整備のあり方には、以下のような配慮が必要となる。

① だれもが店内に安全に入ることができる

店舗の出入口に段差を設けない。段差があるときは傾斜路を設ける。段差が残る場所では、段の先端に色を付けるなど、目立つように工夫する。出入口には、車いす使用者が出入りできる通路幅や視覚障害者のための誘導ブロックを確保する。

② だれもが来店目的を達成できる

すべての人が原則として単独で店内を移動できるよう、店内に段差を設けない。車いす使用者やベビーカー使用者が、テーブルや目的の棚まで行けるような通路幅を確保する。

店内の出入り口に設けられた誘導ブロック

商品棚は、車いす使用者の視線でも選びやすく、商品を整理して陳列するなど、できるだけ手が届きやすい工夫をする。お知らせは音声情報と視覚情報との両方で伝える工夫をする。

③ 危険・不安をなくす

子供や聴・視覚障害者の安全のために、危険な出っ張りをつくらない。通路の床面に色や素材を変えたリーディングライン（移動経路を示す床の表示）を設け、歩行者の移動経路を明確にする。照明による空間の分かりやすさを示し、段差や危険がある場所は、明るく、目立つようにする。

④ 会計を円滑にできる

手荷物や杖を置いて財布の出し入れができるように、レジ前に手荷物や杖を置ける台などを設置する。窓口サービスでは、車いす使用者や高齢者が座って使える、高さの異なる記帳台や窓口などを設置する。

⑤ だれもが円滑に施設を利用できる

案内標示、トイレ、エレベーターなどさまざまな人の利用を考慮して、分かりやすく使いやすい工夫が必要である。文字の書体・色、表示位置、ピクトグラム（図記号）の活用により、表示を分かりやすくする。

COLUMN

薬とカラーユニバーサルデザイン

石崎真紀子

～お薬くっきりで服薬も安心～

カラーユニバーサルデザインは、老人性白内障や色弱など色覚に特性のある方が危険や不利、不便にならないよう配慮された、わかりやすく好ましい色や配色のデザインです。サインや表示物、印刷物のデザインが思い浮かびますが、実は「服薬ミスの低減」にも応用が可能です。

皆さん、日本の処方薬（処方箋で出されるお薬）は何色が多いと思いますか？米国と比較調査したところ、米国の錠剤色は、色相、明度、彩度とも多様です。しかし、日本の錠剤は白とわずかに色みのある白に偏在し、識別性が低いことがわかりました。困ったことに、高齢になるにつれ、多種類の薬剤が処方される傾向にありますので、高齢の患者さんほど、よく似た沢山のお薬を、毎回正しく服薬しなければいけないということになります。これは、服薬ミスの危険があります。

もっと錠剤の色が多様であれば、識別しやすくなるはずですよね。しかし、カラフルな着色は添加物や発がん性物質を連想させます。さらに、錠剤色の変更は患者さんを不安にさせるなど、簡単には現状は変わらないようです。

そこで、薬の色を変更するのではなく、背景で見分けやすくできないかと考えました。老人性白内障や色弱の見え方を模擬できるフィルタを用いて、日本の錠剤色を識別しやすい背景色を検証し、その結果をもとにダークグレーの陶磁器製の服薬専用のトレーを考案しました（特許第 5645019 号）。対象物は、明度差の大きい背景色によってくっきりと見分けやすくなります。多様な色覚に対応しますので、多くの人に有効です。

薬をトレーに出し、一つずつ確認してから服用するという新しい服薬習慣を提案するために、背景色以外にも工夫しました。持ちやすいよう手の平サイズにし、薬が取り出しやすいよう内側に格子状の凹凸を付けました。また、「エイブルアート・カンパニー」に所属する書家、伊藤樹里さんの文字で「お薬」「服薬」「忘れずに」とメッセージをデザインにしました。錠剤を落とすと、チリンと良い音がします。目と手触りと耳で確認するユニバーサルデザインです。

黒やダークトーンであれば同様の識別効果が期待されますので、皆さんも陶器市などでお気に入りの器を見つけてマイお薬トレーにしてはいかがでしょう。服薬を義務でなく楽しい習慣にできれば、服薬ミスや飲み忘れが低減するかもしれませんね。

石崎真紀子さんプロフィール
関西学院学文学部卒後、近鉄百貨店入社、婦人服、洋品のバイヤーを担当。退社後、大阪教育大学大学院、健康科学専攻修士課程修了し合同会社オフィスカラム設立。現在、ファッションと医療の分野で色とユニバーサルデザインの研究と教育を実践。兵庫医療大学、神戸芸術工科大学非常勤講師。日本色彩研究所認定色彩指導者。

UNIVERSAL
FASHION

第6章
ファッション産業のアプローチ

「サスティナビリティ」「エシカル」「ダイバーシティ」「地球温暖化の抑制」など、企業や産業は今や、こうした社会が抱える課題と無縁ではいられない。これらの動きとも呼応しながらユニバーサルファッションもまた、その普及に向けて企業やデザイナーの取り組み、メディアの情報発信が多くなってきた。

1　ファッション産業の現状

1　高齢社会とネット社会の共存

現在、高齢社会を急速に進展させたのは1947～49年生まれの団塊世代が高齢者になったことにある。それによって、4人に1人が高齢者という時代を迎えた。また環境整備の向上や医学の発展等により平均寿命が延伸し、日本は、世界一の長寿国となった。

第1章で、社会環境の変化を述べているが、その変化の特徴は、少子高齢社会と高度情報社会（インターネット社会）に集約される。21世紀はさらに、高齢社会とインターネット社会とが共存していく時代になると予測されている。

私たちの生活には、すでに世界規模でのインターネット環境が共存しており、高齢者・障害者に対応する情報サービスや生活環境整備、社会保障の見直しなどにも有用に用いられつつある。ファッション産業やモノづくり分野においても、最新技術が取り入れられ、より良い相互関係をもって推進されている。

2　革新する生産システム

ファッションビジネス業界では、生活者の個性化や多様化が進む中で、市場のニーズにより効率的に対応することが求められてきた。ニーズごとにデータを集積し、それを運用するためのコンピュータシステムの開発と活用が推進されてきた。

コンピュータシステムはそうしたマーケティング調査（市場のニーズ把握）の運用だけではなく、生産現場の技術革新にも活用されてきた。そして今、トータルデザインシステムを用い、さらなる効率化を目指したファッションテクノロジー（ＦＴＣ）への開発が進められている。

設計（型紙制作）システムは、アパレルCAD（Computer Aided Design：キャド）が活用され、2次元（平面）から3次元（立体）までのさまざまな形状を短時間で表現することを可能にした。

またCAM（computer aided manufacturing：キャム）は、CADで設計した製品を製造するために用いられるシステムのことで、CADとCAMは、それぞれが連携して、製品の製図や製造を効率的に支援しており、これらを用いることで、設計や製造にかかる時間が大幅に短縮される。

島精機では、3Dデザインシステム(アパレルCG & プログラミングCAD両用の専用機)での2D・3Dのバーチャルサンプリングによるサンプリングに掛かる時間短縮・コスト削減・資源の節約と、一着丸ごと立体的に編み上げるための糸しか使用しない無縫製のホールガーメント横編機の組み合わせで、無駄のないサステイナブルなモノづくりを実現している(写真1・2)。さらに、インクジェットプリンティングマシンや自動裁断機まで手掛け、ファッションをトータルに快適にユーザーに提供するシステム開発がなされている。

併せて、コンピュータシステムの目まぐるしい開

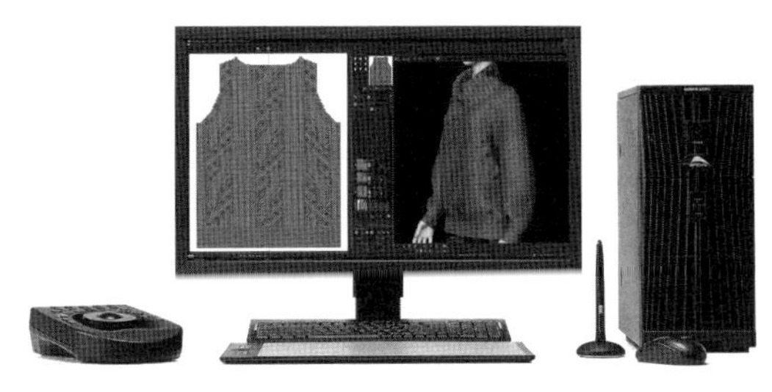

写真１　３Ｄアパレルデザインシステム

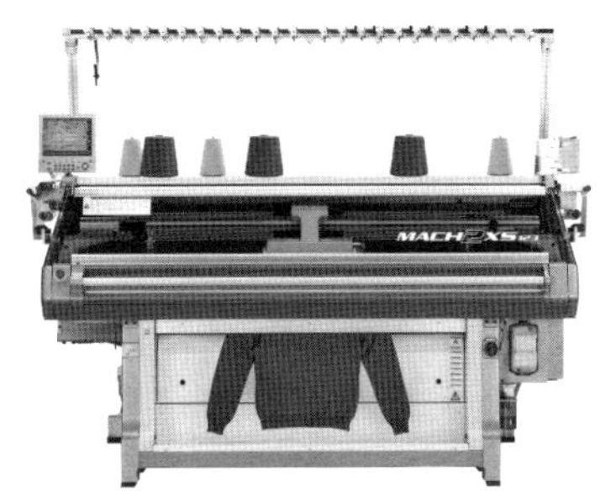

写真２　ホールガーメント編み機

発により、AI（Artificial intelligence：人工知能）やIoT（Internet of Things）のシステム開発に期待が持たれている。

AIを活用したアパレル企業向けの画像生成システムやマスカスタマイゼーション※1など、新たなビジネスサービスの提供を目指している。

一方、これらコンピュータシステムの開発は、既製服の生産工程で使用されることを目的としているが、既製服に不自由を感じている高齢者や障害者の衣服設計に考慮するシステムにはまだ至っていない。

今後、高齢者や障害者を含むすべての対象者に対応したコンピュータシステムの開発と活用が望まれる。

※1　マスカスタマイゼーション：従来のように、一定の規格品を大量に生産・販売、あるいはオーダーメイドの商品を一点ずつ生産・販売するのとは異なり、IoT等のデジタルツールを活用することで、オーダ ーメイドと大量生産を両立させようとする試みのことを指す。

3 ファッション企業の取り組み

経済産業省は、繊維産業の課題と経済産業省の取組（2018年6月経済産業省製造産業局生活製品課）として、今後ファッション産業に必要であろう取り組み方針を策定し、関係企業との連携を図り推進している。ユニバーサルファッションの視点から企業の取り組みに注目した。

① ボディファッション

インナーウェアを中心とした製造販売企業ワコールは「世の女性に美しくなってもらうことによって広く社会に寄与する」を目標に、ボディデザイニングビジネスを推進している。

ボディデザイニングビジネスとは、「身体」と「こころ」を総称して「ボディ」と捉え「美」「快適」「健康」という三つの価値を提供していくビジネスである。

その中核となる人間科学研究所は、「美しくあるために、計測から女性を見つめる」をテーマに、1964年の設立から50年以上にわたり、毎年1千人近くの4歳から69歳までの女性の人体計測を行っている。

その中でも、同じ女性を30年以上にわたり追い続けた「時系列データ」から、日本人女性の美しさの指標や、女性の身体の加齢変化を分析している（写真3）。

また長年積み重ねてきた女性のからだ

写真３　3D人体計測

の研究データを基に、乳がん患者の生活の質向上（QOL）のために、身体にやさしく付けごこちに配慮したブラジャーや人間工学に基づいた独自設計の疲れにくく、歩きやすく、そして美しいパンプスを開発している（写真 4）。

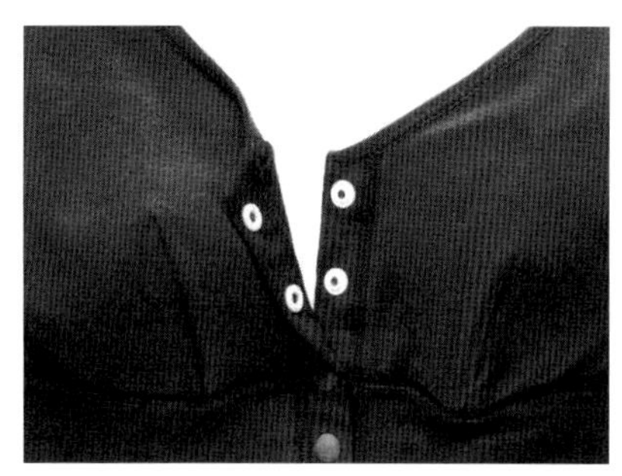

写真 4　着脱しやすいブラジャー（リマンマ）

② 服飾資材

衣服の着脱に必要な服飾資材の YKK は、スライドファスナー、面ファスナー、スナップ&ボタン等のファスニング商品を製造・販売している。衣服の着脱は、高齢者・障害者にとっては重要な要因であり、衣生活の自立につながる。簡単・便利な操作を目指したファスナー（写真 5）、取り外ししやすいバックルやアジャスター、衣料・鞄・靴に夜間の視認性を高める再帰反射ファスナー、体型や姿勢に負担のない伸びるストレッチファスナーなど、衣服の着脱がよりスムーズな商品開発に取り組んでいる。

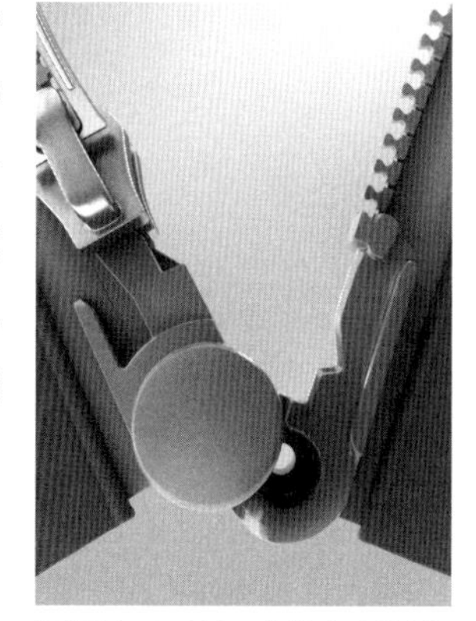

写真 5　ファスナー「click−TRAK」
※ click−TRAK は YKK 株式会社の登録商標です。

③カジュアルウェア

ファストファッションのユニクロは、SPA（製造小売業）として、良品質なカジュアル衣料を低価格で提供する企業である。年代別ではなく、性別・サイズ別、テイスト別に展開している。

近年では、保温性を高める下着や UV カットのカーディガン、足が細く長く見える「スリムボトムス」など機能性を重視した商品、シンプルなのでコーディネートが楽しめる商品を展開。老若男女かかわらず、子供や妊婦など、対象者もサイズ展開も幅広くユニバーサルファッションといえる。

④ スポーツ関連企業

若者のスポーツ系ファッションの流行や高齢者の健康志向が求められている社会に対し、スポーツウェアの機能性に関しての研究開発は目覚ましい。

スポーツウェアに求められる機能性の主なものは、機械的機能（身体各部位の運動量に対応する繊維素材の強度や伸縮性とストレッチバック性）、生理的機能（発汗吸湿性、吸汗性、保温性、放熱性 , 通気性等）、安全性機能（摩擦抵抗や繊維加工剤による皮膚傷害）、心理的機能（それぞれのスポーツウェアにふさわしいデザイン性）、耐久性機能（各種競技に対応した耐久性）などが必要となる。

現在、人気の高いウォーキングには、肌触り・着心地の良い吸汗速乾性のランニングウェアが販売されている。軽量で通気性に富む素材、優れたフィット感、自然な身体の動きをサポートするシルエット、安全性のためのリフレクターが使用されているものもある。

長距離ランナー向けの「長く楽に走る」靴は、底で、つま先部分がせり上がり、曲がりにくい構造によっておのずと重心が前へ移り、足首はあまり動かない。転がるように楽に足を運べるという技術を駆使した靴の開発も進行しつつある。

COLUMN

自分の足型を知り、快適な靴を選ぶ

鈴木 徹

みなさん、足や靴で困ったことはありませんか?「靴擦れがする」「よく汗をかく」「履いていると痛くなる」このような症状は足と靴が合っていないことが原因で、自分の正確な足サイズを知らないことや、年齢とともに起こる足型の変形が影響していると私は考えています。

60歳代女性に実施した調査では、51名中14名が自分の認識している足サイズと実測値に1cm以上差があり、約4人に1人が正確な足サイズを知らないという結果でした。足には片足28個の骨があり、筋肉や腱が繋いでいます。これらは、衝撃を吸収するクッション作用、体圧を分散し安定させるバランス作用、推進力を発揮するバネ作用を持っていますが、年齢とともに筋肉や腱が弱くなると足幅が広く扁平化し、「着地時にかかとが安定しない」「疲れやすくなる」「タコ・魚の目が出来る」といった症状があらわれます。若い時と同じ靴を履いてもきつく感じるのはそのためです。だからこそ、日頃から自分の足型を把握することが、足に合った靴を選ぶための第一歩と言えます。

日本では「JIS S 5037-1998」で靴サイズは規格されており、足長（足の長さ）と足囲（足先の太さ）の2つを基準としていますが、同じぐらい靴選びでポイントになるのがつま先の形です。親指が一番長いエジプト型、人差し指が一番長いギリシャ型、親指と人差し指が同じ長さのスクエア型の3つがあると言われています。靴はデザインにより様々なつま先の形がありますが、自分のつま先と形が違うと、指先が靴の内側に当たり痛くなる可能性があります。例えば、親指が一番長いエジプト型は、つま先が細い靴を履くと親指の側面が当たり痛くなります。このように、つま先の形には相性があり、靴を選ぶ際は足長と足囲だけでなく、つま先の形も意識して見ると良いでしょう。

日本では、足の計測や靴の履き方を学ぶ機会はありません。その結果、自分の正確な足サイズを知らず、靴の選び方がわからない状況になり、何らかの痛みや症状のある方が多くおられます。是非、自分の足型を知り、足に合った靴を選び、おしゃれで快適な生活を送ってください。

鈴木 徹さんプロフィール
大学では有志プロジェクトリーダーを努め、東京デザイナーズウィーク2008でDESIGN PREMIO学校賞を受賞。2009年より靴メーカーにてウォーキングシューズのデザインに従事。2016年より大学院にて足型の研究を進め、修士論文では学長賞を受賞。現在は、シニア世代へ向けた靴や足に関する講義を精力的に行う。

2 デザイナーたちの取り組み

1 作品にも社会的メッセージ

ファッションデザイナーは社会の動向を受けとめ自らの考えをデザイン表現している。その象徴的イベントとして、パリ、ミラノ、ロンドン、ニューヨーク、東京で開催されるコレクションがある。これらのコレクション情報は翌年のシーズントレンドを予知し、各国の商品企画担当者が最も注目する情報源である。

日本人デザイナーのケンゾーやイッセイミヤケが、コレクションで登場してくるのは1970年代半ば頃。

ヨウジヤマモトと川久保玲は、1981年、パリ・コレクションに進出し、女性らしい華やかな服が主流だったファッション界に、黒でボロボロという真逆の美として「黒の衝撃」を発表した。1996年、川久保玲が発表した「ボディ ミーツドレス ドレス ミーツ ボディ」は、肩や背中、腰部分の布地にパットが入り、こぶのように膨れ上がる「こぶドレス」であった。身体と美というものに対して、新しい視点を投げかけたのである。

イッセイミヤケは、誰もが自由に着ることができる「プリーツプリーズ」を開発し、現在も最新テクノロジーを付与しつつ、身体との快適性を研究し発表している。

ファッションジャーナリスト藤岡篤子氏は、「現在は、LGBT, ダイバシティ、エイジレスも定着しており往年のモデルが銀髪で登場するなど当たり前になっている。プラスサイズモデルも定着しており、どんな年齢の女性でも美しく着こなすことができる服を提案するという思想が流れている。現在、ファッション界はサスティナブルの考え方が浸透しており、サスティナブルな素材やリユース、リサイクル、CO2削減などに視点が移りつつある。2000年当時のような真摯に体について問いかけるより、地球の存続に関心が移ってきているとも言える」と述べている（写真6）。

写真6　TOMMY HILFIGER 2019

2 時代を映すファッションの役割

コシノヒロコは、世界的ファッションデザイナーでアーティストでもある。近年は自らの絵画（アート作品）をファッションや他分野とコラボレーションさせ、領域を超えて活躍している。2019年、神戸ファッション美術館で、「コシノヒロコ ファッションショー －GET YOUR STYLE! －」を開催した。ファッションの楽しさを広く市民に伝え、ファッションの街・神戸を広く世界へ発信するためである。女性を対象に年齢やモデルの経験、障害の有無にかかわらず100人のモデルを一般公募した。最新のファッションを身にまとって日常では体験できないファッションショーへ出演する企画である。応募には1200名の女性が応募し、ファッションへの興味や感心の高さがうかがえた（写真7）。

近年では、若手デザイナーも、ユニバーサルファッションに興味を持ちつつある。鶴田能史は「TENBO」ブランドを発表し、障害者・難病の人を対象に、一人ひとりを元気にさせる服を作っていきたいと語る（写真8）。

このようにファッ ション産業界に影響を与えるトップデザイナーたちも、新たな美の基準、美の多様化を敏感に感じ取り、作品の中にデザイン表現している。美しさとは、人それぞれの価値観の中にあり、多種多様なものではなかろうか。ファッションは、デザイナーに代表される極めてクリエイティブな表現世界であるが、誰もが最も身近に自己表現できるツールでもある。

ファッションは、常にその時代や社会に求められるテーマを表現してきた。今後、ファッション産業が中心となり、若者中心のファッション文化から、すべての世代を含むファッション文化に積極性をもって取り組んでほしい。

写真7 コシノヒロコ ファッションショー「GET YOUR STYLE!」

写真8 難病の子どもたちへ向けた服「TENBO」

3　ユニバーサルファッション発信への取り組み

1　ユニバーサル情報が簡単に入手

出版や新聞関係では、食事やスポーツなど高齢者の健康に関する記事が多い。近年中高年向けのファッション雑誌も多く出版されるようになった。ニューヨークでは、高齢者ファッションを取り上げた「アドバンストスタイル」が出版され、映画にもなり、おしゃれな高齢者の存在が知れ渡るようになった（写真９・10）。

著者の活動をドキュメンタリー映画にした「神様たちの街」も、国内外で放映されている。日本で根強いラジオ番組「ラジオ宅急便」やワールドニュースでも、高齢者ファッションを取り上げる時代となった。

現在、情報発信ツールは、インターネットのニューメディアを利用したものが主流を占める時代となった。家庭にいてもさまざまな情報を簡単に入手できる環境は、高齢者や障害者をはじめとする多くの利用者にとって、大きな情報ツールとなる。ホームページ（HP）は、それぞれが欲しい情報を瞬時に得られるツールである。「ユニバーサルファッション」で検索すると、さまざまな団体・企業が閲覧できるので、ニーズに合わせて活用し、快適な衣生活を実現してほしい。

- ユニバーサルファッション協会　http://www.unifa.jp/
- ATC エイジレスセンター　http://www.ageless.gr.jp/
- 共用品推進機構　http://kyoyohin.org/
- 国立研究開発法人産業技術総合研究所　https://unit.aist.go.jp/harc/
- 国際ユニバーサルデザイン協議会　https://www.iaud.net/
- 一般社団法人 日本繊維製品消費科学会　http://www.shohikagaku.com/
- 芸術工学会　http://sdafst.or.jp/main/index.php
- アートミーツケア学会　http://artmeetscare.org/
- 兵庫県立総合リハビリテーションセンター　http://www.hwc.or.jp/rihacenter/
- チャイルドケモハウス　http://www.kemohouse.jp/
- 奈良たんぽぽの家　https://tanpoponoye.org/
- 国際ユニバーサルデザイン協議会　https://www.iaud.net/

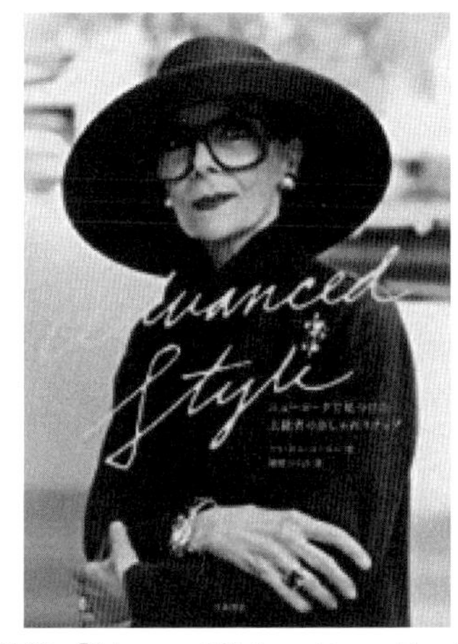

写真９「Advanced Style　ニューヨークで見つけた上級者のおしゃれスナップ」
著者：アリ・セス・コーエン、訳者：岡野ひろか（大和書房）

写真10「OVER60 Street Snap いくつになっても憧れの女性」
著書：MASA & MARI（主婦の友社）

UNIVERSAL FASHION

第7章
ユニバーサルファッション実現への試み

ユニバーサル社会実現に求められるのは、具体的なモノの開発やコトの取り組みである。それを果たすのは、産・官・学・民＝企業と行政と教育現場と地域との連携。その取り組みは、利用者に安全で優しい公共施設の改善や防災・減災・反射材グッズの開発、高齢者・障害者のモノづくり教室やファッションショー、海外との交流など、多岐にわたる。

1 教育の試み

1 期待される次世代の取り組み

今後変容する社会を考えた時、ファッションデザインには、何ができるのか。この問いかけから、神戸芸術工科大学ファッションデザイン学科はファッションデザインを通じて、「社会問題を解決する能力を身に付ける」を目的にカリキュラムやワークショッププログラムの開発を行っている。

そして、高大連携授業※1や入試説明会で本学の授業内容を分かりやすく紹介している。高齢者・障害者の身体特性と衣服との関係を考える「ユニバーサルファッション」、いつ起こるか分からない災害に対して、役立つ便利グッズを考える「減災ファッション」、日本の伝統文化を再考し、日常生活におしゃれなファッションとして取り入れる「和の再発見」、「身近な安全・安心」をテーマにした授業では、反射材を使ったキーホルダーづくりを体験授業で行っている。

また大学院の授業では、人体構造や体型特性とデザインとの関わりについて学ぶ「人間工学論」や、多様な人間と向き合う4大学国際総合プロジェクト（日本・中国・韓国・台湾の大学間情報交換会）を開講している。その際に、反射材を使ったキーホルダーを参加証として配布し、その効果をアジア地域にも発信した。

高校生からは、「ファッションは、おしゃれでかわいいものと考えていた。しかし授業を聞いて、多くの人に喜んでもらえるファッションデザインを考えていきたいと思った。機能性とデザイン性のある服により、高齢者も障害者も、ファッションが楽しめると思った。」との意見があげられた。

情報やモノが溢れ、時代が変化する中、既成概念にとらわれずに、考え実行する能力が必要である。ファッションのもつ多様な役割や可能性に着目した「ユニバーサルファッション」の趣旨が、次世代に伝わることを期待する。

※1　高大連携授業：高等学校と大学との連携における一人ひとりの能力を伸ばすための授業

2 研究の試み

1 ユニバーサルボディの研究開発

ボディ※1は、衣服設計を行うための型紙（設計図）制作において不可欠な備品である。しかし、健常者や子どものサイズに対応したボディは開発されているが、身障者用ボディは存在しない。今後、高齢化が進む中で、身障者用ボディは欠かせないものと考え、高齢女性の片麻痺者（第4章参照）に対応できる可動式ボディの研究開発を行った※2。

可動式ボディは、衣服制作に用いる裁断用ボディとして活用することを目的とした。衣服制作時のピン打ちが基本となるバスト、ウエスト、前後ネックポイントを除いた部位に可動箇所を設けた。可能な限り、人間の姿勢と動きに忠実であるように可動させ、操作性の向上を目指した。

制作プロセスでは、

1）50代の片麻痺女性をモデルに、身体計測を行い、可動箇所や範囲に関して考察を行った。

2）ミニチュア可動式ボディを制作し、肩、ウエストの上下を可動箇所とし、可動方法や範囲の検討を行った。

3）対象者を50代の片麻痺女性に設定し、可動式ボディの基本形を40代の足付き裁断用ナチュラルボディ(MT—40)に設定した。

4) 上肢の動きが下半身に関与していることから、可動箇所に下半身の中ヒップ部分を加え、12部位・11可動箇所の制作を行った。

5) ボディ本体は、硬質で衣服制作時のピン打ちが不可能となるため、上から布地を覆いかぶせ、既製のボディ形状に仕上げた。

可動式ボディの研究開発から、前後上半身の体長と前後肩周囲長の変化は可能となり、前屈、後屈、前屈ひねりの姿勢に対応することができた。可動範囲は、前傾斜27°、後ろ傾斜4°、横傾斜11°まで可能となった(写真1)。11可動箇所(ネックポイントの上・両肩・両腕・背中中央・アンダーバスト、ウエストの上、ウエストの下、中ヒップ・両足付け根の11箇所)を設けることにより、より人体に近い姿勢が表現できた。

※1　ボディ：衣服設計するときの型紙制作に必要な人台のこと。
※2　身障者の衣服制作のためのユニバーサルボディの研究開発　http://kiyou.kobe-du.ac.jp/06/report/08-01.html

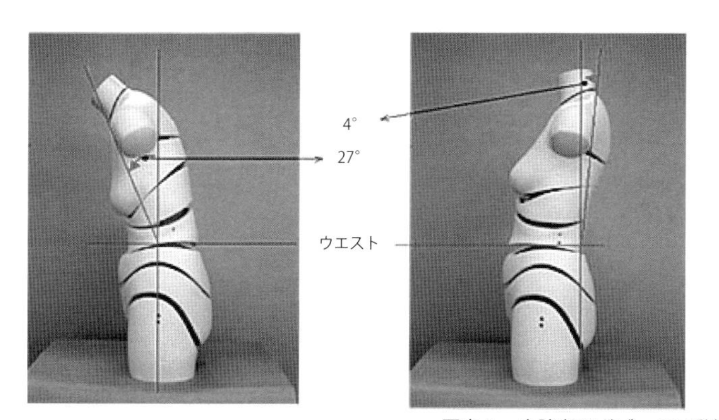

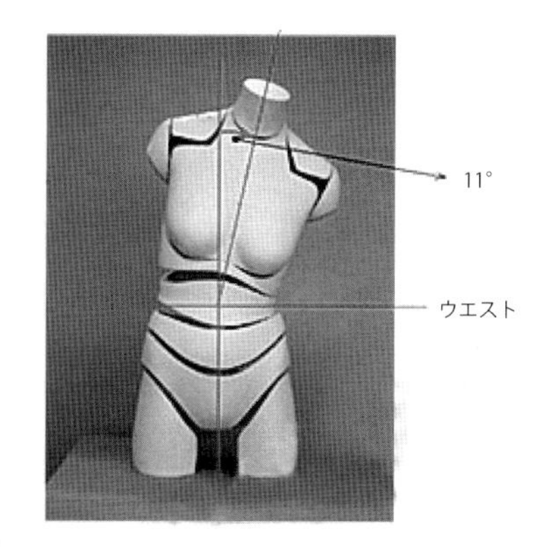

写真1　身障者用ボディの可動範囲

2 肢体不自由者の体型特性の把握と衣服設計の実践・評価

本研究は、人口の高齢化に伴い、今後増加するであろう肢体不自由者（片麻痺者・対麻痺者）に対して、快適な衣服設計指針を提示することを目的とした[※1]。

① 体型特性に適合した衣服制作

肢体不自由者41名の衣生活意識調査を実施した。結果、素材への要求、衣服・小物類への不自由さ、TPOに適応した衣服の要望が共通の意識としてあげられた。また障害の種類により上下衣服の選択ポイントや衣服の不自由さの違いが見られた。

次に、片麻痺者19名、対麻痺（下肢麻痺）者16名の計35名を対象に体型計測を行った。結果、両者とも肩傾斜に左右の有意差※2が見られた。また片麻痺者は丈と回り寸法に、対麻痺者は幅と回り寸法に有意差が見られ、体型特性に差異があることが明らかになった。

既製服に対する問題点を明らかにするため、片・対麻痺者の体型サイズとJIS規格を比較した。結果、市場で販売されている既製服はJIS規格には対応しているものの、サイズが合わず「お直し」が多く発生しているなど、彼らの体型に適合した既製服は市場にわずかしか販売されていないことが明らかになった。

また対麻痺者は、座位姿勢であることから、JIS規格との比較が不可能であった。これらの結果を踏まえて、障害別（片麻痺者・対麻痺者）に男女各1名の計4名をモデルとしてファッション性、体型への適合性、機能性の付加を視点に衣服試作を行った。結果、ファッション性では外出用の衣服、服飾小物、明るく見える色、機能性と装飾性を兼ね備えた素材、裏地の使用が有効なデザイン要素としてあげられたが、スカートのデザインに関しては検討を要した。

体型への適合性では、左右対称に見える工夫、座位姿勢に適合した台形シルエット、肩幅を狭くし袖落ちを防ぐ工夫、袖付け回りを広くする、首回りに近い襟のデザイン、座位姿勢に合わせたズボンの形状が有効なデザイン要素としてあげられた。しかし動作性の大きい袖やズボンのデザインに関しては、十分な調査研究が必要であった。

機能性の付加では、前開き、大きめのボタン、前ファスナー、ウエストのゴム仕様、伸縮素材の活用、ポケットの付加に関しては有効な要素としてあげられた。しかし小さいボタン、肩部のタック、ポケット口の明きと耐久性、ニットのカフス、袖口のホック、患側脇下のファスナー、袖下のエクセーヌ使い、アジャスター使いに関しては検討する必要があった（写真2）。

② 今後の展開

本研究では、当事者参加の実践的アプローチから衣服設計に有効なデザイン要因を抽出した。

今後の課題としては、座位姿勢者に対する人体計測方法の検討、肢体不自由者に考慮した材料

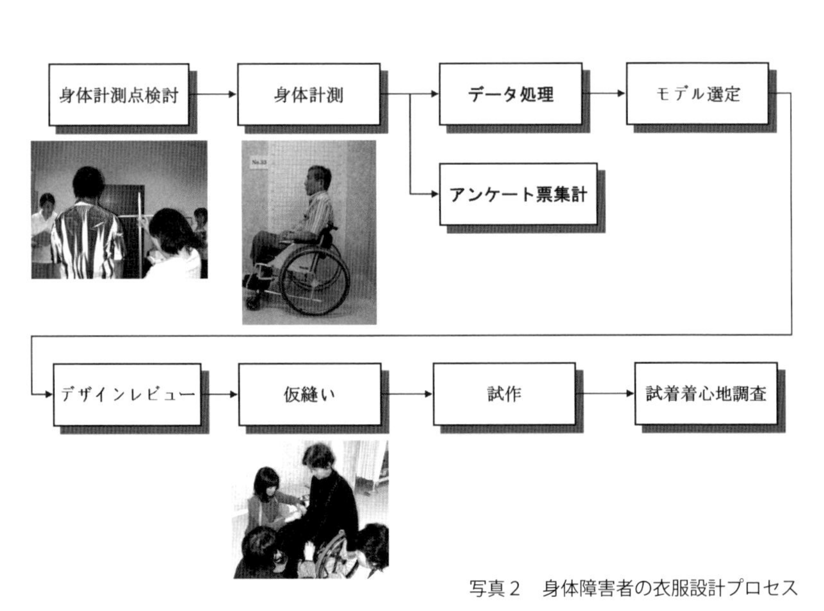

写真2　身体障害者の衣服設計プロセス

開発の必要性があげられる。肢体不自由者に快適な衣服を提供するためには、肢体不自由者独自の衣服設計に有効なシステム開発が望まれる。

※1 「肢体不自由者の体型特性の把握と衣服設計の実践・評価」神戸芸術工科大学大学院博士論文 博士（芸術工学）2006年3月27日 論博第051003号
※2 統計学において、偶然とはいえない「意味の有る差」のこと。

3 片麻痺者に配慮した衣服設計指針の研究

本研究は、身体障害者の高齢化が深刻な状況にあることに着目し、肢体不自由者の中で最も多い片麻痺者に対して、快適な衣服設計指針を示すことを目的とした※1。

① 衣服設計・選択の留意点

衣生活意識調査を片麻痺男性34名、女性27名(計61人)に対し実施した。結果として、等級による要望の違いがあった。特に1級や2級の場合、既製服の選択、衣服設計やリフォーム(補正)の際には個別対応が有効であり、その中で共通点や違いを明らかにする必要があった。そして、麻痺側もしくはその症状により、副資材や小物の仕様、靴の左右サイズの違いを考慮する必要があった。これらには、左右身体寸法の差異が関与していることが示唆された。

片麻痺者の体型特性では、体幹部が傾斜し、上・下肢部は、身体のバランスを取るために健側の筋力が発達していた。また患側・健側傾斜姿勢に固有の特性がみられた。患側への傾斜が大きい患側傾斜姿勢は、健側の筋力を使い身体のバランスを取り、患側の傾斜が小さい健側傾斜姿勢は、患側の肩や体幹部を引き上げるなど身体の上・下肢の筋力を使い、身体のバランスを取っていると判断した。以上の結果より、片麻痺者の体型特性が関与する衣服設計での要因は、着丈・袖丈・ズボン丈などの丈に関わる要因、ズボン幅(渡り幅)、袖幅など幅に関わる要因、衿ぐりの形、ダーツの長さや分量に関わる要因であることが分かり、それらは片麻痺者の衣服設計や既製服購入において留意する点である。

② 体型特性に適した衣服形態

片麻痺者被験者の立位・歩行にかかわる衣服形態要素の抽出では、患側傾斜姿勢に分類した50歳代の女性被験者1名を選定し、16着の衣服形態サンプルを着用してもらい、立位・歩行における美しい衣服形態を評価し分析した。衣服形態サンプルの「襟ぐり」はラウンドネックとボートネック、「シルエット」はHラインとAライン、「袖」はセットインスリーブとラグランスリーブの2種類ずつを組み合わせた8着のサンプルに前中心とバイアスの2種類の布の「地の目」を加え、計16着のサンプルを製作した。

結果として、「ラウンドネック・Aライン・ラグランスリーブ / 前中心」が片麻痺者に適合した(写真1)。つまり、前中心の地の目で、Aラインのようなゆとりのある形態をラウンドネックの襟ぐりで固定する形態が有用であることが明らかとなった。特に、立位・歩行ともに、襟ぐりに留意する必要があり、ラウンドネックで襟ぐりを固定することで着崩れを防ぐことが可能となることが明らかになった。

③ 衣服設計の指針と展望

本論の結果は、「片麻痺者に配慮した衣服設計指針」の一端を成す。片麻痺者に適合した衣服形態とは、襟ぐりが固定でき、身頃にゆとりのある形態である。また、衣服設計やその仕様を考える際、左右非対称の体型特性や麻痺に伴う片手使いの仕様を根底に置き、性別、麻痺側、等級の違いに対応した副資材の仕様、着脱に関わる衣服形態、左右サイズの選び方について考慮する必要がある。

またこれらの結果から示された今後の展望として、衣服設計に活用できる片麻痺者の体型分類については、三次元のシステムを活用した片麻痺者のボディを作成することが求められる。計測値からではなく、実際に衣服を着用した場合の分類を行い、その分類ごとに使用するパターンの原型を示すなどのシステムの実用化を目指したい。そのパターン原型を基に、デザイン展開からバリエーションを増やし（写真 3）、副資材や衣服形態の機能性など片麻痺者の衣生活に活用できる多岐に亘る内容の充実を図りたい。

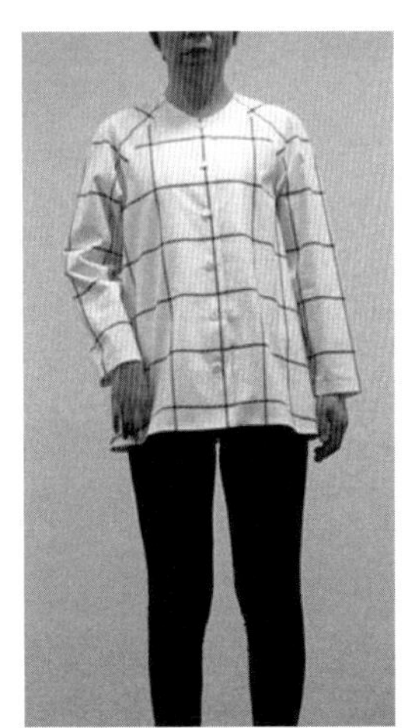
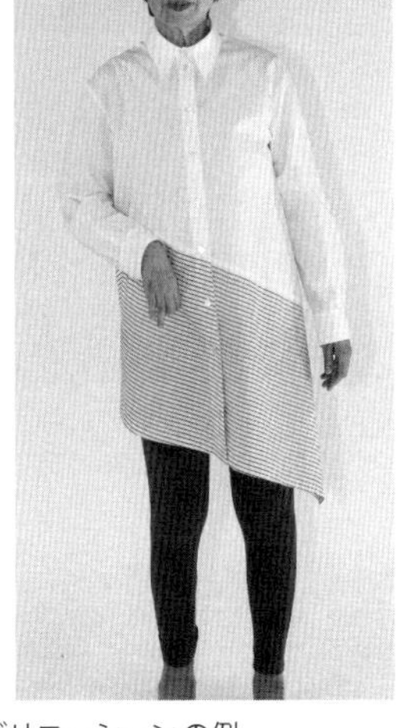

写真 3　デザインバリエーションの例

本研究の結果がアパレル業界における既製服の設計に根本概念として認識され、活用されることが望まれる。

※1　片麻痺者に配慮した衣服設計指針の研究
神戸芸術工科大学大学院博士論文　博士（芸術工学）2014 年 3 月 15 日　論博第 131001 号

4 がん患者に配慮したヘアハットの調査研究

現在、日本人の死因の第一位に「がん」があげられている。患者数は年々増え続け、2020 年には 184 万人になると予測されている。がんは加齢により発生リスクが高くなり、高齢化が急速する日本にとっては大きな課題となっている。

がんの治療法としては、外科療法や抗がん剤使用の化学療法、放射線療法などが用いられるが、化学療法の副作用により、脱毛や倦怠感、頭痛、吐き気、むかつきなどの症状が表われる。この副作用は、治療期間中続き、長期間治療を受けるがん患者のとっては心身の負担も大きい。入院中から帰宅後も副作用が続き、心身の快適感や安らぎ感が求められている。本研究は、これらの患者が市販の帽子やウィッグ（Wigs：かつら）で頭部をカバーしている点に着目し、「がん患者の生活の質向上を目指したヘアハットの設計理論構築に関する研究」を課題とし、ファッションデザインと医療とケアの視点から、がん患者の生活の質向上を目指す※1。

① ヘアハットへの意識と市場

2012 ～ 2013 年にかけて、関西在住のがんと診断された女性 31 名を対象に帽子に関するアンケート調査を実施した（写真 4）。抗がん剤治療を受けた人は、29 名（90.1％）。そのうち、脱毛した人は、27 名（90％）。脱毛した人すべてが、脱毛時期の治療中に帽子を着用していた。そして日常生活の場面により、「がん患者用の帽子」「一般に市販されている帽子」「ウィッグ（かつら）」を選択し着用していた。

写真 4　着用評価

欧米とアジア地域を視察の際に、がん患者の帽子に関する意識調査を実施した。

デンマークは、帽子のデザインは楽しいものが多く、帽子をかぶらず、がんを自ら公表している人もいた（写真 5）。アメリカは、素材よりもデザインのバリエーションを重視していた（写真 6）。日本は、デザインはベーシックだが、着心地感では、他国より優れており、快適性に配慮した素材や品質を重視していた。中国や韓国では、がん患者の帽子という観点は見られず、国により意識の差異があることが明らかになった。

② ヘアハットの現状

がん患者に配慮した帽子やウィッグは、がん患者の生活の質向上に繋がる。医療用の帽子は、髪の毛を室内に散るのを防ぎ、ソフトな肌触りの帽子は頭皮の痛さを和らげる効果がある。頭部の保温にも役立ち、それぞれの身体状況に合わせて選ぶことが大切である。現在は、帽子のデザインバリエーションも増えており、通気性や保温性を考えた綿ニットや、刺激の少ないオーガニックコットンも使用されている。また、日本のウィッグのデザイン・素材開発は非常に優れており、素材は人毛から人毛風合成繊維まで、髪型も髪カラーも豊富だ。ウィッグは、頭皮のカバーだけでなく、精神的な部分もケアしてくれる。現在、ウィッグと帽子がセットになったヘアハットも開発されている。入院時も病気になっても、病状やライフスタイルに合わせて、帽子やウィッグ、ファッションを楽しみ、生活の質向上に役立ててほしいと思う。

※1　がん患者の生活の質向上を目指した「ヘアハット」の設計理論構築に関する調査研究／ 2015 年～ 2017 年科研申請課題

写真 5　デンマークがん患者用パンフレット

写真 6　アメリカがん患者用帽子パンフレット

3　地域連携の試み

1　しあわせの村との連携

神戸市と公益財団法人こうべ市民福祉振興協会は、ユニバーサル社会の実現に向け、ユニバーサルデザイン（UD）をより分かりやすく多くの人に伝えるために、しあわせの村※1をUD発信の拠点として、さまざまな取り組みを推進している。

UD推進に最も大切なことは、一人ひとりを大切にする「意識づくり」、誰もが参画できる「しくみづくり」、安全・安心で快適な「まちづくり」、みんなが使える「ものづくり」を学び、産官学民が連携して実現していくことにある。

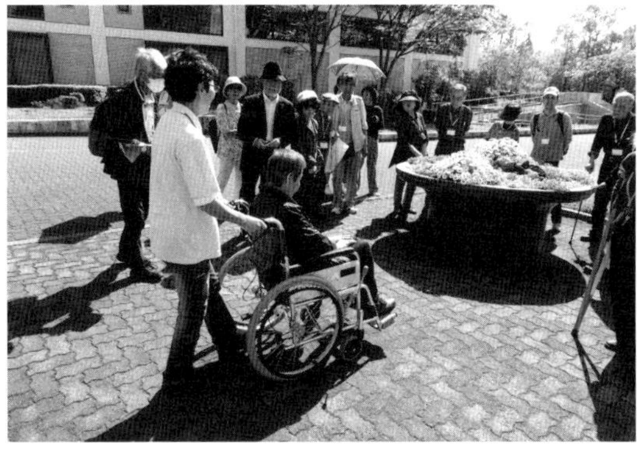

写真７　こうべUD大学

写真８　こうべユニバーサルデザインフェア

①　一人ひとりを大切にする「意識づくり」

こうべUD大学は、ユニバーサルデザインを学ぶ生涯学習制度である。学んだ人は「こうべUD活動サポーター」として小中学校や地域に普及活動を推進している（写真７）。2008年度から始まったUD出前授業では、こうべUD活動サポーターと協働で、市内の小・中学生向けにユニバーサルデザインを楽しく理解してもらうために、講師の派遣や教材の貸出を行っている。2019年度末では延べ300校で授業が行われた。

「こうべユニバーサルデザインフェア」は、UDに取り組む企業・団体等の発表・交流の場であり、誰もが気軽に参加し楽しめるフェアである。（写真８）

夏休み親子UD体験教室 は、小学生高学年を対象に神戸空港や動物園、水族館、しあわせの村などの施設でUDを分かりやすく体験し、親子で楽しく学ぶ１日参加型のイベントである。

②　誰もが参画できる「しくみづくり」

神戸市のホームページづくりや、車いすの無料貸し出しを行うサービス「KOBEどこでも車いす」（ユニバーサル観光）、多言語（日本語、英語、ハングル、中国語）のまちなか案内サイン「観光ガイドブック・マップ」、などの誰もが参加できるしくみづくりを行っている（写真９）。

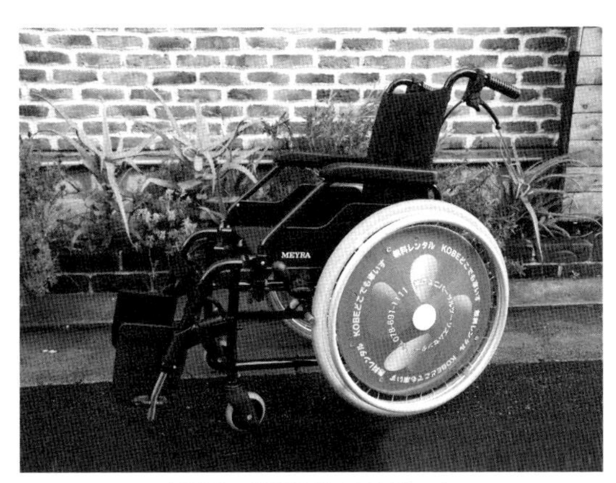

写真９　KOBE どこでも車いす

③ 安全・安心で快適な「まちづくり」

「こうべ・だれでもトイレタウン計画」他、だれもが歩きやすいみちづくり、だれもが行きやすい神戸空港ターミナルビルなどのまちづくりを推進している。

④ みんなが使える「ものづくり」

UD 商品に関する情報交換会や小・中学校の出前授業で UD グッズの体験や推進を行っている。

しあわせの村では、村内福祉施設等と連携し、障害者の自立・社会参加の支援も行っている。村内施設による記念缶バッジ製作や、村オリジナルブランド商品「神戸幸品」（本学デザイン監修）を生産販売している（写真 10)。

また障害者施設の利用者が描いた原画を、本学がデザイン監修し、共同アートオリジナルばんそうこう＆手芸品として販売している（写真 11)。

しあわせの村を UD 発信の拠点として、産官学民連携のもと、ユニバーサル社会の実現を目指したい。

※１ しあわせの村：公益財団法人こうべ市民福祉振興協会の管理運営のもと、1989 年（平成元年）４月に市民福祉推進の全市的な核として開村された。高齢者・障害者の自立や社会参加を支援する福祉施設と、緑豊かな自然の中で、すべての市民がリフレッシュできる都市公園を一体的に整備した複合施設。すべての市民が交流と相互理解を深め、等しく健康で文化的な生活を享受できる社会（ノーマライゼーション）の実現を目指している。http://www.shiawasenomura.org/ud）

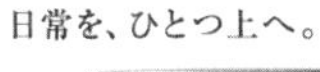

写真 10　村オリジナルブランド商品「神戸幸品」

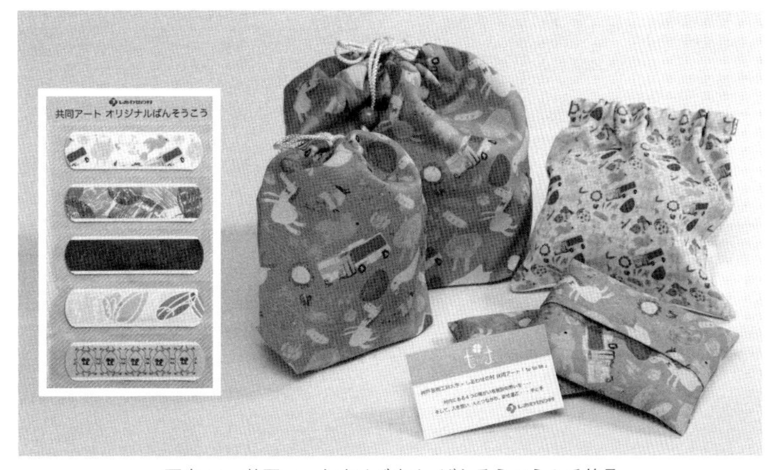

写真 11　共同アートオリジナル ばんそうこう＆手芸品

2 KIITOとの連携

① デザイン発信の拠点

デザイン・クリエイティブセンター神戸（愛称：KIITO ／キイト）は、神戸・三宮の海側にある旧生糸検査所を改修した、「デザイン都市・神戸」の拠点施設である。KIITO は、デザインを人々の生活に採り入れ、より豊かに生きることを提案し、神戸だけでなく世界中をつなぐ、デザインの拠点となることを目指している（http://kiito.jp/）。

KIITO は、「＋クリエイティブ」の視点から、「防災」「子どもの創造教育」「高齢化社会」「食」「観光」「ものづくり」の 6 つのカテゴリーから、社会課題の解決を目指し、さまざまな活動を推進している。

その一環として「高齢化社会＋クリエイティブ」の視点から、シニアから発信する「大人の洋裁教室」（2016 年〜現在）を実施している。（写真 12）

② 高齢者とのモノづくり

「大人の洋裁教室 1」は、概ね 50 歳以上のシニアを対象に、日本の伝統素材である着物地を用いて、現代服（ワンピース）にリメイクする取り組みである。（写真 13）エコロジーの考え方と、日本の伝統文化継承にも繋がり、高齢者のおしゃれ感覚と技術力も高める楽しいワークショップである。参加者は、趣味を通じて友人になり、制作したワンピースを着て、ファッションショーや展覧会に臨んだ（写真 14・15）。

彼女たちは「洋裁マダム」と呼ばれるようになった。この活動は人気を呼び、2 年目も「大人の洋裁教室 2」として継続、着物をリメイクしたブラウスを制作、おしゃれにコーディネートし、自身のポートレートを制作した。

2018 年には、「ちびっこうべ」※1 で、子どもたちに向けて「ようさいこうぼう」を作った（写真 16）。洋裁マダムは、洋裁好きな子どもたちにその技術を披露した。子どもたちは、着物地

写真 12　大人の洋裁教室

写真 13　着物のリメイクに挑む

でポシェットを制作、好きなビーズやリボンを付けて、デザインを楽しんだ。そして、制作したポシェットを、ちびっこうべセレクトショップで販売し、見事完売した（写真16・17）。

2019年は、男性も加わり「大人の洋裁教室3」を開催している。

神戸市は1973年に「神戸ファッション都市宣言」を全国に先駆けて発信し、おしゃれなまちとしてのイメージを確立した。また生糸（絹糸）を産業とし成長した街でもある。おしゃれを楽しむ高齢者たちが、「高齢社会＋クリエイティブ」なまち神戸を担う存在となっている。

※1 「CREATIVE WORKSHOP ちびっこうべ」：デザイン・クリエイティブセンター神戸（KIITO）が主催となり、子どもの創造性を育むことを目的として、子どもだけが参加できる体験プログラムのことである。2012年から2年に1度、小学3年生から中学3年生までを対象に開催。「ちびっこうべ」は子どもだけで運営するまちであり、シェフ、建築家、デザイナーなどプロからさまざまな職業について学び、自分なりにアレンジしたり、つくったものに値段をつけて販売したり、他の仕事と協力したり、まちの仕組みを楽しく学ぶ場である。（http://kiito.jp/chibikkobe/about/）

写真14 ファッションショーに挑む洋裁マダム

写真16 「ようさいこうぼう」

写真15 販売会

写真17 ちびっこうべ「セレクトショップ」

3 兵庫県警との連携

兵庫県は、交通事故発生率が比較的高い県である。事故は夕方に発生する率が高く、死亡者の約半数が高齢者である。警察関係者は、反射材の着用があれば、死亡者は助かっていたかも知れないと考えている。反射材は、交通安全上、効果的なものでありながら、その効果は周知されておらず、デザインが服装に合わないなどの理由から配布されても自宅でそのまま保管されている場合が多い。

この現状に対して、本学が産官学民プロジェクトの中核となり、誰もが日常生活で身に付けたくなるようなもののデザイン提案を行い、着用率向上に向けて反射材用品の開発を行う。そして安全をテーマにしたデザインを社会や産業の中に普及させる仕組みづくりを提案する。この取り組みは2016年から現在も継続している研究課題である※1。

① 反射材の効果を検証

反射材とは、再帰反射という性質をもつ素材である。再帰反射とは、光がどのような方向から当たっても光源に向かってそのまま反射する光学的に工夫された反射方法である。車のヘッドライトの光が反射材に当たると、その光は自動車にそのまま反射され、歩行者が身に付けていると、ドライバーからは非常によく光って見え、事故軽減につながる効果がある。

例えば、乾いた路面を時速60kmで、ヘッドライトを下向きにして走行した場合、黒っぽい色で約26m、明るい色で約38mの地点で発見することができる。しかし、運転者が歩行者を発見して車が止まるまでの距離は、約44m、明るい服装でも交通事故に遭う危険性がある。反射材を身につけている場合は、約57m以上で視認でき、反射材の着用の有無により安全性が格段に異なる。つまり､反射材を活用したファッションデザインは、社会課題を解決する大きな要因となる（図1）。

図1　車の速度と視認性の関係

2017年4月に兵庫県警交通企画課との情報交換会を実施、神戸市中央区ポートアイランド南側海上コンテナ専用レーンにて、サンプル制作の事前調査を行った。反射素材と反射材グッズの視認性を検証するための照射実験である。検証の結果、白色の反射素材の視認性が最も高く、白色と有彩色のストライプや水玉、迷彩柄を組み合わせると視認性が高くなることが明らかになった。

調査を踏まえて、ファッション・プロダクトデザインを専門とする教員や学生、企業が反射材を使用したサンプル16点（靴1点、バック4点、シール1点、お守り1点、球体ストップ1点､アクセサリー6点､パンツ2点､帽子1点､テキスタイル1点､）を制作した。本学でそれらサンプルを着用して照射実験を実施（2017年11月)、70メートル地点で目視による検証を行った。結果、視認性の高いサンプルは、反射球、帽子、バッグTOバッグ、トートバッグ、エコバッグであった（図18～20）。また横断中に検証したところ、脇ラインパンツの視認性が高いことが確認できた。

② おしゃれな反射材グッズの開発・普及

照射実験の結果から、前後や横断中の動きで視認性が高かったアイテムは、全方向から見える帽子やバッグ類、反射球などの立体形のもので、面積の広いものほど視認性が高いことが明らかになった。

写真18
反射材を
使った帽子

写真19　反射球

神戸にて毎年開催されている「交通安全フェア」でサンプル、コンセプトパネル、ポスター等を展示し、来場者へのアンケート調査を実施、市民の意見を聞きながら、毎年新たなサンプルをデザイン提案している。

また毎年開催される高齢者・障害者のためのファッションショーでは、反射材を用いたアクセサリーを提案し、反射材の普及啓発に努めている。今後も、実験やアンケート結果をふまえ、支持が高く視認性が高いサンプルに着目し、高齢者・障害者が使いやすく、日常生活で身に付けたくなるようなおしゃれなグッズデザインを提案し、反射材使用市場の拡大と普及に努めたい。

※1　神戸芸術工科大学紀要「芸術工学」2017
交通事故軽減のための汎用性と経済的頒布性に優れた蛍光反射材用品の開発

写真20　反射材のロゴ入りエコバック

4 社会活動の試み

1 高齢者・障害者のファッションショー

神戸市の中央南に位置する兵庫区は、神戸の礎を築いた由緒ある町で、多くの名所や史跡とともに、神戸の台所と言われる下町情緒あふれる町でもある。同区は高齢化が進む中、「やさしさと思いやりのまち兵庫」を区の将来像として、さまざまな取り組みを実施している。

その一つ「兵庫モダンシニアファッションショー」※1は、2019年、15回目が実施された。テーマ「元気はおしゃれなファッションから」には高齢者にいつまでも健康で、地域で活躍してほしいという思いが込められている。このショーでは、まず兵庫区に在住、在勤、またはゆかりのある60歳以上の男女を募集し、ファッションショーへ向けた「おしゃれ講座」を開催。講座では、おしゃれなファッションやヘアメイクの方法、美しく見える姿勢や歩き方、笑顔の作り方などを学ぶ。

次は「コーディネートチェック」を行う。たんすの中に眠っているお気に入りの衣装や思い出の服などを持参してもらい、アクセサリーや帽子などを合わせ、自身の最高のおしゃれ姿で舞台を歩く。このショーには、障害者も参加し、ヒアリング調査から着やすくおしゃれな服をデザイン提案している（写真21～23）。

背筋を伸ばし笑顔満開で舞台を堂々と歩くモデルたちは加齢を感じさせず、まさに華齢。モデルとして参加した高齢者や障害者から、「化粧をし美しく装い、人前で自分を表現することは、緊張感もあるが楽しい」。観客からは「毎年見るが、元気をもらえる」、参加した学生たちからも、「年

写真21　ネイルをしているモデルたち

写真22　コーディネートチェック

写真23　壇上でおしゃれ姿を披露

をとってもおしゃれは必要。元気な高齢社会もあるんだ。未来が少し明るく軽くなった」という感想が寄せられた。

高齢者や障害者と若い学生たちが交わるこのショーは、お互いに理解や刺激し合う関係を生み出している。高齢者や障害者にとっては生活の質向上や社会参加への意欲につながり、学生たちにとっては未来を考えるきっかけとなっている。

この取り組みが注目されて、2016年に、ドキュメンタリー映画「神様たちの街」※2（図2）となり、日本全国、ドイツ、カナダ、韓国、中国など海外でも注目され上映されている。

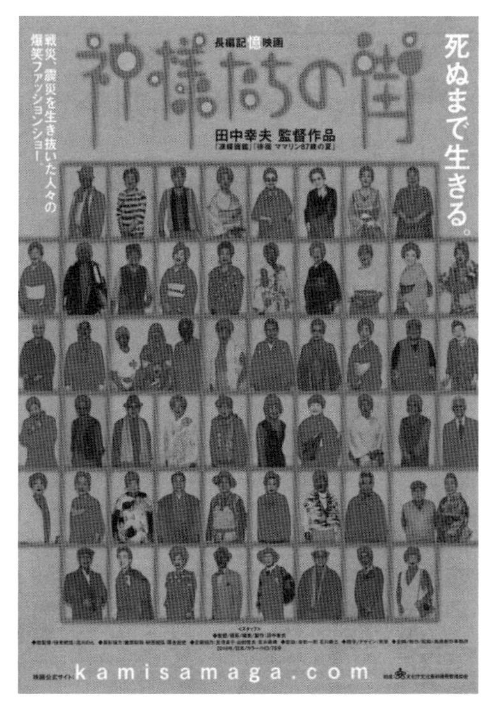

図2　神様たちの街

※1　兵庫区モダンシニアファッションショー
http://www.city.kobe.lg.jp/ward/kuyakusho/hyogo
※2 「神様たちの街」：2016年 風楽創作事務所 田中幸夫監督により制作された。https://eiga.com/person/83656/video/

2　減災ファッションの推進

1995年阪神淡路大震災によって神戸は多大な被害に見舞われた。私たちはこの災害の経験から「もしも災害が再び起きたら、ファッションデザインは何ができるのか」。

その問いかけから本学は、10年前から「減災ファッション」をテーマに、授業を行っている。

減災とは、避けることのできない自然災害に対し、発生し得る被害を予測して、日常からその被害をできるだけ少なくするための備えや取り組みを考え、災害時に実行することである。

日本は大地震や台風、大雨などによって引き起こされたいくつもの激甚災害に見舞われている。

学生たちの間にも、こうした状況は深刻に受け止められ、防災や減災意識が高められてきた。授業では、誰が、いつ、どのような場面で何を困っているかを推測し、その状況に対して安全で安心して身を守ることができるモノやコト（仕

写真24　学生たちによる減災ファッションショー

組み）を企画しデザイン提案する。

学生たちの作品は、減災デザイン＆プランニング・コンペに毎年、応募しており、数々の賞を受賞している。また音楽を通じて防災・減災の啓発を行う「Bloom Works（ブルームワークス）」※1 と連携し、「BGM SEED vol.1」※2 で、防災ファッションショーと展示を行った（写真24・25）。以下は、その代表的な作品である。

※1　Bloom　Works（ブルームワークス）：防災大学院修士号取得者でボイスパーカッション担当の KAZZ と、防災士でボーカル＆ギター担当のシンガー・ソングライター、石田裕之氏による神戸発音楽ユニット。彼らが発起人となって、2019 年 4 月 6 日に「BGM2 vol.1」を初開催。音楽を通じて防災・減災の啓発を行う。http://bloom-works.com/

※2 「BGM SEED vol.1」：防災音楽フェス「BGM2 vol.2」のプレイベントのこと。BGM とは、Bousai Gensai Music（防災、減災、ミュージックの頭文字）と Back Ground Music（バックグラウンドミュージックの頭文字）の意味で、お店で自然と耳にする BGM のように、いつも心に流れる防災・減災の意識を、と考えてネーミングされた。SEED とは、「種（SEED）まき」のこと。

① もしもの時でもおしゃれが楽しめる！ Liberty　Wear

突然の避難所生活でも多様なコーディネートが楽しめます。「リバティウエア」は可愛い花柄でリバーシブル。トップスとボトムスで６通りの着替えができます。そしてポケットにはルームシューズが内臓され、足を守ることができます。

② ママを守りまスカート

赤ちゃんがいるお母さんのプライバシーを考えた「ママを守りまスカート」。スカートが、着替えや授乳時に便利に変化、ポケットはスリッパに。ベルトは、怪我をした時の三角巾に変身します。

③ おきがえクマちゃん

－いつでもどこでも楽しくおきがえ！－

最初は、着替えとおもちゃが一緒になった「お着換えくまちゃん」。ぬいぐるみの背中には着換えや防災グッズが入ります。そしてクマちゃんの洋服は丈が伸び、そのまま女の子が着られるという優れもののクマちゃんです。

④ ミッケ

より見つかり易く、より助かり易い服

薬が切れたら命にかかわる、そんな人が暗闇の中に残されたら不安です。「ミッケ」は災害と医療、両方の不安を解決する救急衣料です。暗闇で光を反射するリフレクターの文字「インシュリン」は、取り外ずせ、自分の薬の名前に並べ替えることもできます。さらに胸のポケットにはお薬や個人の情報が入ります（写真 26）。

写真 25　もしものときの Oyasumi Best

写真 26　より見つかり易く、より助かり易い服

COLUMN

『防災・減災と音楽』〜さあ、ハジマリの鐘を鳴らそう〜

KAZZ

全国規模で多発する災害……。30年以内に来ると言われる南海トラフ地震……。

私は音楽活動と並行し、「防災・減災と音楽の繋がり」について研究しています。2019年、兵庫県立大学大学院・減災復興政策研究科を修了しました。防災・減災と音楽？！

不思議に思われるかもしれません。キッカケは、阪神淡路大震災で被災した1995年に遡ります。

神戸が哀しみに暮れる中、私は復興屋台村で仲間とアカペラを始めました。聴いてくれた人が笑顔に、元気になっていくのを目の当たりにし、プロになろうと決意しました。

その後、全国の学校公演などで音楽を届ける時に、語り部として被災体験も伝えてきました。しかし年月とともに震災が昔話になっていきます。

「生の言葉で伝わらない・・・」現状に葛藤しました。そんな時に出会ったのが、防災大学院です。

かつてあったことを語るだけでなく、これから起きうることとして、「防災・減災」を「音楽」で伝えるという観点からこの大学院で研究すれば、次世代に伝えられるのではないか！

２年間の研究の末、辿り着いた一つの結論が、「音楽フェスを開催すること」でした。

「2019年4月6日に第一回防災・減災音楽フェス、BGMスクエア開催」

音楽で、楽しく分かりやすく防災・減災に触れる。フェスの繋がりで、「いざ」という時に助け合える土台を作る。かつての「祭り 'matsuri'」が担った役目の、現代版です。

災害時に、自助・共助は欠かせません。

このフェスではコミュニケーションに重点をおきます。

お隣さんや、そのまたお隣さんの顔や名前は、知ってますか？SNSが浸透し便利になった一方、人との繋がりは年々薄くなっています。しかし人は、人と触れ合うことにより「人」として成長します。非常時に問われるのは、まさにその「人間力」。人間力こそが、豊かな防災減災社会を作っていく礎になるのです。

このフェスが、防災意識の裾野を広げ、想いを分かち合うきっかけになれば。全国、全世界に広まるハジマリの合図になればと願います。

「さぁ、一緒にあのハジマリの鐘を鳴らそう！」

KAZZさんプロフィール
日本のボイスパーカッションのパイオニア。1995年阪神淡路大震災で被災し、アカペラ音楽でプロになろうと決意。Permanent Fish (2005~2018)で韓国Mnetから世界デビュー。第17回大韓民国文化芸能大賞 外国芸能人賞受賞。現在 防災音楽ユニット BloomWorksで活動。兵庫県立大学大学院 減災復興政策学 修士。防災士。BGMスクエア実行委員長。CASHBOXアカペラスクール講師。

3 企業との取り組み

東日本大震災の支援と自立支援を目的に、コープこうべ※1が出資元となり、新会員募集時の粗品デザインを本学が企画を担当、製作は石巻市のNPO法人応援のしっぽが支援している事業所が担当するという産学民連携プロジェクトを実施した※2。

コープこうべの要望は、モチーフにコープこうべの人気キャラクター「コーすけ」（図3）を使用し、デザインすることであった。ミーティングを進めていく中、本学が取り組んでいる反射材の活用も取り入れて企画することになった。

図3　コープこうべの人気キャラクター「コーすけ」

企画案として2案が採択された。1案目は、円形織技法を用いたキーホルダー（渡辺操デザイン）で、人の暖かさが伝わる手作り商品の提案を行った（写真27）。耳・目・口・背面の部分に反射材を使用し、安全・安心の機能性を付加した。2案目は、東北の産業をモチーフにしたテキスタイルを用いたペットボトルカバー（菊池園デザイン）で、子育て世代をターゲットとして、子どもや親向けにハンカチとしても使用可能なデザインにした。東北各地の魅力を再発見し、発信していくことをデザインコンセプトとし、特にプリント柄のデザインに反映させた（写真28）。

完成品には、取組みの趣旨やモノづくりへの思いを伝えるために、メッセージカードを添えた。

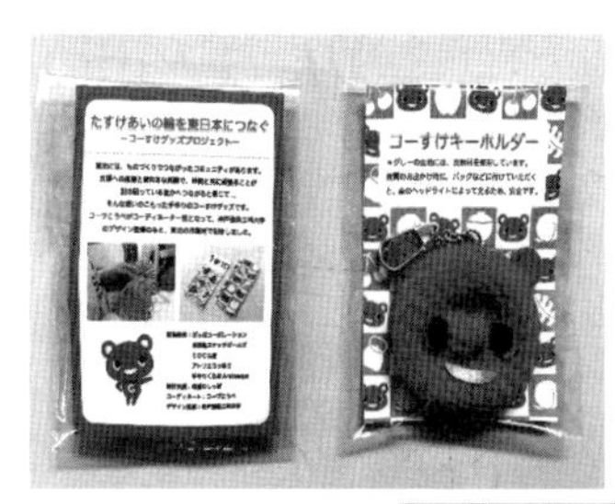

写真27
くるくる織
コーすけキーホルダー

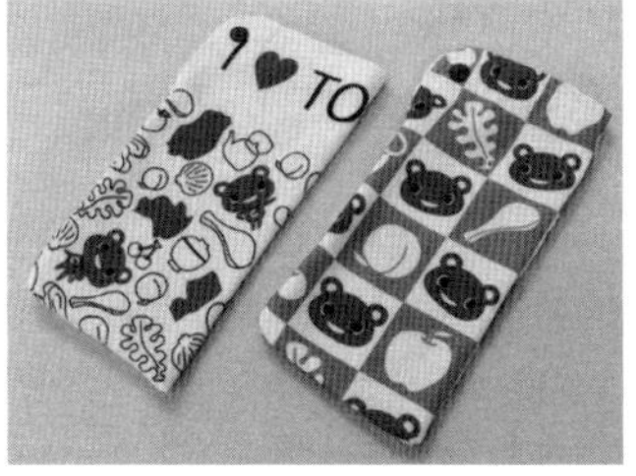
写真28
コーすけ
ペットボトルカバーの完成品

技術指導のため事業所を訪問し、情報交換会を行った（写真29）。

各事業所からは、材料や技術の得意性を生かした服飾雑貨が多数出品され、製作技術も高かった。しかし、東北ならではの地域性ある商品は少なかった。本学からは、東北ならではの商材を使い、地域性の高い商品を考えること、ギフト商品の開発や商品に付加価値（反射材使用など）を付けることを提案した。

2018年度のコープ新規加入者1686件に対して、キーホルダー608個、ペットボトルホルダー740個、合計1348個が配布された（写真30）。

写真29　作業所への技術指導・講習会

事業所（製作者）からは、「買い取りなので本当に安心でありがたかった」「自分たちの作ったものが手に取られるのは本当に嬉しい」。コープ新規加入者からは、「とても良い取り組みです。手作りのものに温かみを感じる」。コープこうべ担当者からは、「東日本大震災で被災された方々の手作り商品を渡したことにより阪神淡路大震災のことも話すきっかけとなった」「こういったことで助け合いの輪が広がる」などの感想が寄せられた。

産学民プロジェクトは、それぞれの得意性を発揮し、協力し合うことで、地域・世代間交流が生まれ、活力ある社会の創出につながる。今後も産学民プロジェクトの意義と効果を検証し推進していきたい。

写真 30　新会員へのポスター

※1　生活協同組合コープこうべ：1921 年（大正 10 年）に社会運動家・賀川豊彦の指導のもと、コープこうべの前身、神戸購買組合・灘購買組合が誕生した。1991 年（平成 3 年）創立 70 周年を機に名称を「生活協同組合コープこうべ」（以下、コープこうべと称す）に改称。現在も「愛と協同」の精神を原点に、組合員の暮らしを支え、豊かにする事業や活動を推進している。https://www.kobe.coop.or.jp/

※2　神戸芸術工科大学紀要「芸術工学 2018」
東日本大震災支援のための産学連携の取組み　－コープこうべのキャラクター「コーすけ」を用いた商品企画－

4 市民セミナー

高齢社会が進展する中、高齢者・障害者の社会参加への意識も高まっている。市民の健康促進や仲間づくり、地域社会との交流、社会貢献活動などを目的とした生涯学習※1セミナーや大学の公開講座、イベントや旅行企画などが数多く開講されている。

その中で近年「シニアのおしゃれ学」が注目されている。高齢になれば、体型に変化が表れ、生理機能や運動機能が低下するのはごく自然の成りゆきである。しかし身体機能が低下したとはいえ、おしゃれへの関心は高い。

セミナーでは、「ファッションは心と体のビタミン剤」をテーマに、おしゃれの効果、加齢や障害に対応できる衣服の事例を提示しながら、服飾小物との組み合わせ方法や色の効果、お化粧と衣服の相乗効果などおしゃれに見える工夫を紹介している。

２回目を講義する時に驚くことがある。１回目とはガラリと変わって、それぞれが自分の好きなイメージで衣服の色の組み合わせを考え、お化粧をしておしゃれに装って参加されることである。このように、受講者は少しのアドバイスで意識が変化し、おしゃれを実践されている。近年は「男性のおしゃれ学」の要望も多く男性のおしゃれに対する意識が高まりつつある。「ユニバーサルファッション」を講演するたびに、受講者のみなさんのおしやれ度は増している。

※1　生涯学習：生涯にわたって各自の自発的意志に基づき、必要に応じて自己に適した手段・方法を自由に選択し行う学習のこと。

5 ニューメディアの積極的活用

近年、私たちを取り巻く情報は、新聞、雑誌、ラジオ、テレビなどのメディアから、パソコンやスマートフォンなどのニューメディアが大部分を占めるようになってきた。

不特定多数の人々を対象としてきたメディアに対し、ニューメディアは、自分で情報の受け手となることを望む特定の人々に向けた、パーソナルメディアという特徴をもっている。

ソーシャル・ネットワーキング・サービス(SNS)によるホームページ(HP)やフェイスブック(Facebook)、インスタグラム(Instagram)、メッセンジャー（Messenger)、ライン（LINE）などは、家庭内でも必要な情報をいつでもどこでも簡単に入手できる新しい情報ツールである。

若者にとっては絶大な人気あるサービスだが、高齢者や障害者にとっても、生活の質向上につながる情報ツールである。

キーワードを入力するだけで解決策を提供してくれ、行きたい場所を示すと、乗換案内や所要時間を教えてくれる。

ニューメディアを大いに活用し、積極的に情報収集を行い、さまざまな知識を得て、変化する時代を柔軟に受けとめ、健康で楽しい人生100年時代を歩んでほしいと願う。

5 海外との試み

現在、世界で高齢化が進む中、高齢者問題は先進国地域からアジア地域や途上国にも拡がっている。中国は、2010年に、65歳以上の人口が1億3143万人となり、高齢人口が1億人を越える世界で唯一の国となった。韓国が2017年に、シンガポールが2019年に、タイが2022年に高齢社会に入る(第1章　図1参照)。しかしアジア地域の高齢社会に対応するための調査や研究、デザイン開発はまだ始まったばかりである。

本学は、アジア地域が高齢社会に対応するファッションデザイン手法を模索している現状に対し「ユニバーサルファッション－国籍や年齢、障害の有無に関わらず誰もが快適な衣生活を実現できるデザイン論－」を、アジア地域の教育カリキュラムとして普及し確立することを目的としている。その一環として中国・韓国とのファッションデザイン学術交流を推進している。

1 中国と日本の中高齢女子の体型特性と衣服設計指針の研究

本研究は、今後、中国ファッション市場で中心となる50・60代の中高年女子を対象に、体型に適合した着心地の良い衣服設計指針を見出すことを目的としている※1。

研究方法は、日本と中国の中高年女子の体型特性とその差異を明らかにするため、中国の天津・陝西（せんせい）と日本における50・60

代の中高年女子各100名を対象に、衣服設計に必要な人体計測データ16項目を比較し、主成分分析※2を行った。

次に年代による差異を見出すために、50、60、50＋60代と3区分し、平均値の差の検定（t検定）を行った。さらに体型バランスを比較するため､身長を基準とした丈の割合､周囲長（バスト、ウェスト、ヒップ）の差、幅（肩幅、背幅、胸幅）の割合に対しての分析を行った。

その結果、両国とも体型を表す要因として体幹部と腕の周り寸法、丈寸法に関与していることが明らかになった。

中国女子は、日本の中高年女子と比較して、肩幅とバストが高く背中に厚みがある上半身の大きい、ウェストに対してバストとヒップの差が小さい寸胴体型、ヒップに対してバストが大きい逆三角形、腕が長く腕付け根周りが大きく上腕周りが小さい形状であるなどが読み取れた(図4)。

日本女子は、中国女子と比較して、肩幅が小さく、背丈が長く円背姿勢、ウェストに対してバストとヒップの差が大きい、ヒップよりバストが小さい台形、腕は短く腕付け根周りが小さいが上腕周りが太い形状などが読み取れた。両国とも加齢とともに寸胴になるが、中国女子は肥満傾向になり、日本女子は、背中が曲がり円背姿勢になることが明らかになった。

衣服設計要因において、中国女子は、前後身頃と袖の丈・幅、周り寸法に留意し、高齢になるほど肥満になる傾向から、丈、周囲長、幅の寸法差やバランスにも留意する必要がある。

日本女子は、円背姿勢で高齢になるほど上着丈の長さに留意する必要がある。

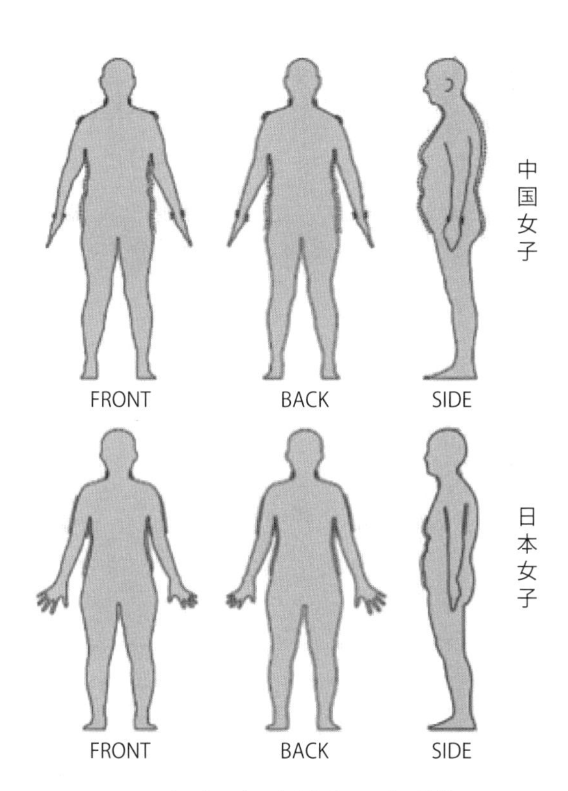

図4　中国と日本の中高年女子の体型比較

※1　中国と日本の都市部における中高年女子の体型特性に基づいた既製服設計要因に関する研究
2013年9月20日　神戸芸術工科大学大学院博士論文　博士（芸術工学）　課博第1131002号

※2　主成分分析：統計学上のデータ解析手法のひとつ。多くの量的な説明変数をより少ない指標や合成変数に要約する手法。

2 中国との取り組み

2016 年から本学ファッションデザイン学科と中国上海視覚芸術大学ファッションデザイン学科[※1]間で学術交流が始まった。上海視覚芸術大学の特長は、ファッションモデルコースが設置されていること、中国における（株）島精機製作所[※2]の拠点が学内にあり、授業の一環として産学連携のカリキュラムが組まれていることがあげられる。

また高齢者の衣服設計を研究する上海中高齢時尚服飾研究中心が 2015 年に設立され、高齢社会に向けての国際シンポジウムやファッションショーを開催している。2017 年、本学は、第 12 回アート＆デザイン教育国際サミットフォーラム、第 3 回上海中高齢時尚服飾国際会議、高齢社会に向けてのファッションショーへ参画した。テーマは「ユニバーサルファッション」。着物をリメイクした型紙から、高齢者・障害者の体型特性や志向に配慮した衣服設計理論を導き出した。

そして日本の気候に適応し、日本の文化も大切にしながら、ファッシッョン性と機能性を併せもつユニバーサルファッションを提案した（写真 31・32・33）。

2018 年 11 月、「日中平和友好条約締結 40 周年記念イベント－ユニバーサルファッションショー＆シンポジウム－」[※3]が中国北京服装学院[※4]で開催された。

日本側の基調講演では、「アジア地域の高齢化社会におけるファッションの役割」（見寺貞子）、「日本の高齢社会の現状をドキュメンタリー映画

写真 31　上海での講演

写真 32　上海でのファッションショー

写真 33　日中情報交換会（上海）

写真 34　北京での講演

から見る」(田中幸夫：映画監督)、「体に快適な衣服設計を考える」(笹﨑綾野)をテーマに、先に高齢社会に入った日本が研究開発した高齢者・障害者に配慮したモノづくりのノウハウや教育機関での取り組み等を紹介した。その後、中国側とのシンポジウムで意見交換を行い情報交換の推進を約束した(写真 34・40)。

ファッションショーでは、日本美シニアファッションショー－「温故創新」日本の伝統美・日本の機能美－をテーマに、作品 70 点を紹介した。古きをたずねて新しいパラダイムを創成するという高い志を表し、日本の伝統美である着物地を使って、機能美に配慮した作品を発表した（ファッションショー作品　写真 35 ～39)。

これら一連の研究活動を通じて、ファッションデザイン教育関係者のみならず、福祉・医療関係者やファッション産業関係者、公的機関、報道関係者も「ユニバーサルファッション」に関心をもち、本研究の必要性が確認できた。また中国でも自国の伝統文化を継承したいという意向が高まってきており、西洋ファッションとは異なるアジアファッション教育の必要性も確認できた。

※ 1　中国上海視覚芸術大学：https://www.siva.edu.cn/site/site1/newsText.aspx?si=14&id=5951
※ 2　(株) 島精機製作所：https://www.shimaseiki.co.jp/company/profile/
※ 3　中国人民対外友好協会、日中友好継承発展会、中国対外友好合作服務中心、NPO 法人 Philia が主催
※ 4　中国北京服装学院：http://www.bift.edu.cn/

写真 35　北京でのファッションショー 1

写真 36　北京でのファッションショー 2

写真 37　北京でのファッションショー 3

写真 38　北京でのファッションショー 4

写真 39　北京でのファッションショー 5

写真 40　国際シンポジウムの様子（北京）

3　韓国との取り組み

韓国大邱広域市は、大韓民国東南部の内陸にあり、ソウル、釜山に次ぐ、韓国第３の都市である。神戸市とは姉妹都市であり医療産業分野に力点を置いている。

2018 年９月、慈雲福祉財団主催の「高齢社会へ向けての情報交換会」が、韓国大邱インターブルゴ・ホテルで開催された。韓国よりも先に高齢社会に入った日本から高齢問題に取り組んできたさまざまな事例を紹介。韓国・日本の現状と課題から今後の高齢社会に活用できるヒントを探り、他分野とのネッワークづくりを考える機会とした。

京都工芸繊維大学の崔童殷（チェ・ドンウン）先生コーディネートのもと、韓国側からは、慈雲福祉財団、大邱市医師会、大学関係者、韓国全国大学生ファッション連合会大邱支部等が参加し、日本側からは神戸芸術工科大学と京都工芸繊維大学が招待された。

第１部では、韓国の白承俙（ペクスンヒ）氏（紫雲福祉財団理事長、サランモアペインクリニックの代表院長）が、「韓国の高齢社会の現実と願い」をテーマに講演された。続いて日本から、「しあわせの村 UD の取り組み」をテーマに、佃孝司氏（公益財団法人こうべ市民福祉振興協会企画広報係）が公演、日本と韓国の高齢社会の現状と取り組みについての情報交換を行った。

第２部では、「元気な高齢社会であるためのヒントについて語ろう」をテーマに、シニア支援に向けた研究発表を行った。桑原教彰教授（京都工芸繊維大学）は「人にやさしいロボットウェアラブル及びメディカルテキスタイル、AI研究」を、田中幸夫氏（映画監督）は「ドキュメンタリー映画「徘徊」「神様たちの街」を通じて考える日本の高齢者の現実と課題」、見寺貞子は「ユニバーサルファッション－ファッションは心と身体のビタミン剤－」、笹﨑綾野は「高齢者・障害者がおしゃれで快適な衣生活を送るためのヒント」を講演した（写真43）。

参加者からは大変意義深い情報交流であり、今後も継続していきたいとの強い要望が示された。

2018年10月18～21日にかけて、韓国ファッションビジネス学会・韓国ファッション文化協会主催の「2018 FCA International Fashion Art Biennale」がソウルで開催された。

韓国ファッションビジネス学会は、ファッションデザイン専攻の教員、院生、ファッションデザイナーで構成された団体である。このイベントには25ヵ国のデザイナーが参加し、それぞ

写真41　2019 The Society Korean Traditional International Costume

写真42　HANBOK CURTURE WEEK

写真43　高齢社会に向けての情報交換会 .

れの作品を展示した。著者の作品「(ユニバーサルファッションを視点とした作品－日本の伝統美と機能美－)」が評価され、「Artist of the year 2018」を受賞した（写真 44)。

韓国でも中国と同様、「ユニバーサルファッション」に高い関心をもち、本研究の必要性が確認できた。また、自国の伝統文化を継承したいという意向も高まってきており、西洋ファッションとは異なるアジアファッション教育の必要性も確認できた（写真 41・42)。

今後、両国との研究・教育交流を更に推進していき、アジア地域の特性を生かしたファッションデザイン教育を実施し、人材の育成を目指したい。

写真 44 Artist of the year 2018 受賞作品

UNIVERSAL
FASHION

第8章
誰もがファッションを享受できる社会へ

震災を乗り越え、「デザイン都市」「ファッション都市」を担う異国情緒あふれる神戸は、新しい価値観を育んできたユニバーサルデザインの地域モデルである。ここでは、世界におけるユニバーサルデザインの先進国である北欧（Desing for all）、日本をリードする神戸の取り組みから、多様性を認め合うユニバーサル社会形成のヒントを探り、次世代の社会創生を願う。

1 北欧の暮らしからユニバーサル社会を学ぶ

近年、北欧デザインが注目されている。ファッションデザイン分野でも若者を中心にmarimekko（マリメッコ※1）を代表とするテキスタイルデザインや服飾雑貨の人気が高まっている。

ファッションデザインは、パリやミラノ、ロンドン、ニューヨーク、日本がファッショントレンドを発信する役割を担ってきた。しかし北欧デザインはトレンドとは志向が異なり、やさしく暖かいデザインである。なぜ今、北欧デザインなのか。「地域や暮らし」とどのような関係にあるのだろうか。福祉国家といわれる北欧の視察から暮らしの中のデザインを考えてみる。

1 北欧とは

北欧とは、ヨーロッパの北にある国で北欧諸国とも呼ばれる。日本語では、北ヨーロッパと同義語として使用されていることが多い。一般に「北欧」という場合、ノルウェー、スウエーデン、デンマーク、フィンランド、アイスランドの５カ国を指す。

北欧諸国（以下、北欧と示す）は、社会福祉国家である。国民全員が健康で文化的な生活が営めるよう制度化され、社会福祉の先進国として取り上げられることが多い。北欧では、高齢者や障害者に対して、生涯、楽しく人生を営むために、３つの基本方針を施策として実施している。

①自己決定―自身の考え方を生涯、尊重できる環境や施策を推進する。
②継続性―住み慣れた家に住み続けられるための施策を推進する。
③自己資源の開発―現職時代の技術や知識を社会で活用するための施策を推進する。

これらの方針が北欧の暮らしの中で、どのように反映されているのかを市場調査から考案した。

2 暮しの北欧デザイン

高齢者の身体特徴は、日本人と比較して、身長が高い、太い、手足が長い、金髪、目が青い、肌が白い人が多い。肌が白く、眼が青いと淡い色、薄い色が似合う。

北欧あるいは欧米人も同様だが、気にいったデザインや色であれば、人からどのように見られようが、自らの意思で着たい服を着る。以前、ウエスト100㎝を超える中年女性が、短いタンクトップを着て、おへそを出して、堂々と歩いていたのを覚えている。自己決定の表れであろう。

北欧の気候は寒い。４～５月は春、９～10月は秋で気温は日本の初冬程度、６～８月は夏で日本の初夏程度、11～３月は冬でマイナス温度が長く寒い時期が続く。太陽が一日も昇らない極夜もある。日照時間が短い、夜が長い、気持ちも暗くなりがちになるからか、明るい色や明るい柄を好んで着ている人が多い。

子どもたちのファッションは、防寒機能を備えた上着や帽子＆マフラー、ベスト。元気がでるような明るい色や柄を使っているデザインが多い。そこにはかわいいトナカイやムーミン、アンデルセンの童話に出てくる動物たちの柄が描かれていた。大人のファッションも同様で、楽しい帽子やマフラー、マントが販売されていた（写真 1・2）。

北欧の暮らしには、防寒機能と楽しさやかわいさを併せもつ暖かいブランケット、スープが冷めにくい iittala（イッタラ※2）の陶器、部屋には、かわいい、おしゃれなテキスタイル柄をインテリアに使用していた。北欧デザインに木製の家具やおもちゃが多く使われているのは、自然との共存をベースとしているためであろう。そこに私たち日本人は、「温かさやぬくもり」を感じ、共感する。

街中では、手作りを楽しむ人たちが、手作りショップを営み、温かい楽しい生活グッズを多数販売していた（写真 3）。北欧の施設から、モノづくりの楽しさが暮らしの中に溶け込んでいることが感じられた。

※1　marimekko（マリメッコ）：フィンランドのアパレル企業でブランド名でもある。
※2　iittala（イッタラ）：インテリアデザインを専門とする現代的な北欧デザインによるフィンランドのデザイン企業。

写真 1　大人の遊び心ある帽子

写真 2　子供用の機能的でかわいい帽子＆マフラー

写真 3　温かく楽しい手作りショップ

3 福祉施設の北欧デザイン

高齢者が入居するデンマークの福祉施設は、解放感にあふれる暮しの場である。驚いたのは、施設に自宅で使用していた家具が置かれていることである。そして若い頃のようにおしゃれを楽しんでいる高齢者たちを見かけることである。(写真４・5)。

そうした福祉施設には、公園や教会、図書館などが設けられており、暮らしに必要な環境が整えられている。入居者を訪ねてくる家族や友人と楽しく過ごすためのイベント（子どもが遊べる庭、バーベキュー、庭でお花見、ハロウィンなど）も年間通じていくつも企画されている(写真６)。

またクリエイティブワークショップという創作活動では、能力を生かした生活支援が積極的に行われていた。ファッションが好きな人はフェルトや生地でスカーフや小物を作り販売する(筆者はファッションセラピーと名付けている)、農業が好きな人は菜園作り、料理が好きな人はレシピや果実のジャムやケーキを作る。鶏を世話する人、建物や庭の修理をする元大工さん、高齢者たちはそれぞれの役割を担って毎日を多忙に楽しく暮らしていた（写真７)。

病院では、入院患者用の生活用品だけでなく、見舞いに来た人たちも楽しめるショップが設けられており、子どもたちが喜ぶぬいぐるみや絵本、スカーフ、衣服、アクセサリーなどが販売されていた（写真８)。

障害児施設では、五感を刺激するような空間やおもちゃ（音が出る、見る、動く、引っ張る、出し入れ、楽しい色使い、寝る、起きるなど）が用意され、各種の教育プログラム（色を塗る、足・手形を取る、自身の写真を見る、体を動かす、手を動かす）も行われている。天井の照明が時間帯により変化する工夫もされていた(写真９)。

写真４　おしゃれな高齢者

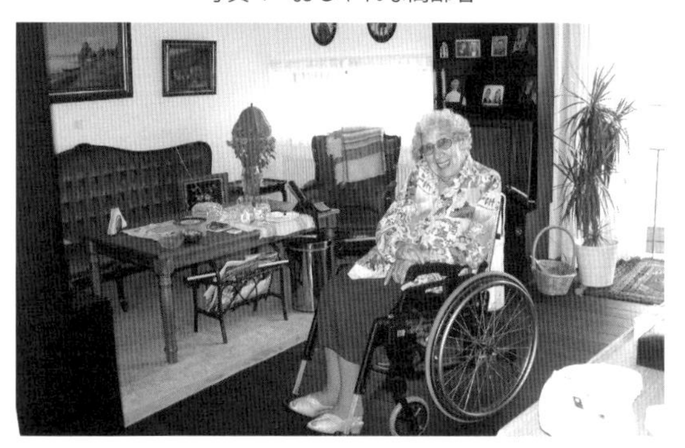

写真５　自宅と同じ環境で暮らす

写真６　施設内の公園

写真7　ファッションセラピー

写真8　病院内のショップ

写真9
知的障害児
施設の様子

4 街中の北欧デザイン

デンマークの首都コペンハーゲンには、チボリ公園※1 というアミューズメントパークがある。動物園や水族館、公園があり、多国籍のレストランや夜店が並び、コンサートも開かれる。日本なら動物園や水族館は子どもの遊び場であるが、チボリ公園では、年齢や国籍に関係なく大勢の大人たちが、遊び楽しんでいる。夫婦や友人同士で歩き、夜店でゲームをしたり、レストランで食事をしたり。誰もが、安心して遊び憩える場として暮しの中に根づいていた（写真10）。日本にも、年齢や性別、障害の有無にかかわらず、だれもが楽しめるアミューズメントパークが望まれる。

北欧は、気候の厳しい地域である。だからこそ、日々の暮しを明るく、心豊かにするモノやコトが存在している。「自己決定」「継続性」「自己資源の開発」を基本施策としている北欧の暮しの中に、今後の暮しやデザインのあり方を学ぶヒントがあるように思う。

※1　チボリ公園（Tivoli）：1843年に建てられたデンマーク・コペンハーゲンにある遊園地。年間来園者数は約350万人。面積は8万3千平方メートル。世界で3番目に歴史のあるテーマパーク（1583年開園のデュアハウスバッケン、1766年開園のプラーター公園に次ぐ）。
https://elutas.com/tivoli-3694.html

写真10　チボリ公園で楽しむ高齢者

2 ユニバーサルな土壌が育まれたまち「神戸」

1 神戸ファッション都市宣言

神戸市は、海と山に囲まれた異国情緒豊かなおしゃれなまちと言われている。

慶応3年（1868年）、日本の西洋の窓口として開港されて以来、神戸市は進取性に富む文化的個性をもつ都市として発展してきた。その際、貿易港として多くの西洋人が滞在したことで、神戸には西洋のライフスタイルが定着し、異国情緒ある文化やまち並みが多く誕生した。また外に開かれた港町神戸は、西洋人だけではなく、アジアの人々も多く共存するまちとして発展してきた。

伝統的地場産業の播州織物や灘酒造に加えて、早くから洋風の生活様式であるアパレル、紳士服、靴、ケミカルシューズ、鞄、真珠の加工、洋菓子、パン、コーヒー、洋家具、クリスマス用品、スポーツ用品などを扱う企業が多く創業され、豊かな生活文化を提供する多種多様な産業に発展していった。

1973年、神戸市は国際的なファッション都市を目指し、「神戸ファッション都市宣言」を全国に先駆けて発表した。ファッション産業をアパレルや服飾雑貨だけに限定せず、衣・食・住・遊の各分野において新しいライフスタイルを提案する産業と定義した。

以来、神戸市はファッション産業に力点を置き、ポートアイランドや六甲アイランドにファッションタウンを建設し、神戸独特のライフスタイルを確立していった。

2 復興に求められた産官学民の連携

1995年、神戸市は阪神淡路大震災に遭う。震災では多大は被害を受けた。その時最も困難を強いられたのは、高齢者・障害者・子ども・外国人であった。経済不況とも重なり、ファッション産業は低迷に陥った。21世紀に必要なファッションデザインとは何か。ファッションで何ができるのか。同時期に日本は、高齢社会に入った。

神戸市は、復興のスローガンを「みんなでつくるユニバーサルなまちこうべ」として、産官学民連携のもと、第7章に示しているプロジェクトを実施してきた。

図1　産官学民連携のしくみ

ユニバーサル社会をつくるには、産官学民※1すべての人の連携協力が不可欠であり、社会に暮らす一員として、ともに支え合い、学び合いながら進めていくことが必要である。

産業界（民間企業）は、常に利用者の声に耳を傾け一人でも多くの人が利用しやすいものへと改善していくこと、官公庁（国・地方自治体）は、職員の意識づくりを図り、ユニバーサル社会実現プランを考え、各施策にUDの視点を取り入れ率先して取り組むこと、学校（教育・研究機関）は、UDの視点に立った研究や人材育成に取り組むこと、民間（地域住民・NPO）は、自分が住むまちや暮らしに目を向け、まちづくりやモノづくりのあり方を考え、積極的にかかわっていくこと。

産官学民それぞれが、それぞれの立場でできることを実行しながら仕組みづくりやまちづくり、モノづくりを推進していくが、その根底には、「一人ひとりを大切にする意識、排除しない意識」が大切である。このような意識をもって取り組むことで、ユニバーサルなまちこうべにスパイラルアップしていくことが可能となる（図1)。

3 ユニバーサルな地域モデルに

── 年齢や国籍、障害の有無にかかわらず、だれもが人間の尊厳を持ち得る社会でありたい。一人ひとりが、自身の知識や技術を生かし、社会の一員として生きたい。そして、住み慣れた地域の中で生涯住み続けたい。──

2008年、神戸市は、ユネスコ創造都市ネットワークデザイン都市※2に認定され、デザイン都市に推奨された。デザインは、目に見える「形や色」だけでなく、それを生み出す「計画や仕組み」、その基本となる「意図や考え方」なども含めた幅広い意味を持っている。デザインは、暮らしの中の環境、防災、福祉、教育といった身近な課題を「見えやすく」「伝わりやすく」する役割も担っている。特にすぐれたデザインは、人をひきつけ心を動かし、行動を起こさせる力を持ち合わせている。

港町神戸は古くから多くの外国人を受け入れ共存し、それに伴い多様な文化と交流が生まれてきた。そして震災の経験により、「違いを認め合い、支え合う」というユニバーサルデザインに通じる精神が育まれてきた。互いの多様性を認め合い、新しい価値観を共有してきた神戸は、今後もユニバーサル社会実現の地域モデルであり続けることだろう。

※1　産官学民：産業界（民間企業）、学校（教育・研究機関）、官公庁（国・地方自治体）、民間（地域住民・NPO）の四者。
※2　ユネスコ創造都市ネットワーク：異なる文化の相互理解をめざすユネスコ（国際連合教育科学文化機関）が、世界の創造都市の連携による相互交流を援助するネットワークのこと。
https://www.city.kobe.lg.jp/
https://design.city.kobe.lg.jp/about-us/

UNIVERSAL FASHION

付録
知っておきたいデザインと衣服の基礎

生活におけるデザインは「人が使う」ことを前提とし、生活の中での機能性や快適性、さらに感性が重要とされている。本章では、ライフスタイルに応じた衣服選択、衣服を構成する主な要素としての素材や色、形体、柄、サイズなどの基本的な知識、さらに衣服管理やケアについて紹介し、快適な衣生活を送るための基礎知識を紹介する。

1 生活とデザイン

1 デザインの意味

私たちは、日常生活の中でよく「デザイン」(design) という言葉を使う。デザインは英語であり、その語源はラテン語のデーシグナ ーレ (designare) で、「印を付ける、表示する、指示する」を意味する。現在は「デザイン」が、世界共通語として多岐にわたって使われている。

その語義は、名詞としては「目的に対して頭の中に描かれた企画や計画を前もって示すスケッチや模型、作品の構造的構成や基本的枠組み」、動詞としては、「頭の中で想像し計画する、前もって決められた目的達成のために創造し計画し計算する」などの幅広い意味をもつ。

一般に、デザインとは、色、形、材質など目に見える外形だけをつくる造形活動だと思われがちである。しかし、デザインは、単に外形のみの造形として捉えるのではなく、例えば「グランドデザインを描く」といったような考え方の大枠を計画するなど、その使われ方も幅広い領域に関わっている。

2 デザインの条件

私たちがデザイン活動を行う際に、必ず考えなければならないことがある。それは使用者の使用目的や要求である。使用者の年齢、性別、職業、ライフスタイルや好みなどを把握する。何を、どのような目的をもって、どのような場所で、どのような場合に使用するのか、価格はいくらを希望しているかなどを考える必要がある。これらの項目はデザインを考える上での基本条件としてあげられる「5W2H」という言葉を用いて説明される (表1)。

私たちは、デザインに対して、無意識にいくつ かの要求をしている。例えば、自動車は、速く走るということだけではなく、美しい形や色彩、そして乗り心地もよくあって欲しいと望む。安全性は、当然の条件である。コップは、ただ飲みものを入れるものというだけではなく、形の美しさや持ちやすさなども望む。

衣服に関しても、単に着心地がよいというだけでなく、身体が美しく見えるシルエットや若々しく見える色を望む。いくらおしゃれで斬新なデザインであっても、サイズが合わなければ選ばない。またいくら気に入っていても、高すぎては買うことができない。適正な価格も大切な条件である。

つまり私たちは「人間が使う」という視点から、いくつかの要求をデザインの条件として考えている。デザインにおける美は、芸術の美とは異なる。芸術の美は「純粋の美」であるが、デザインの美は「人間が使う」という視点から機能性や経済性も含めた上での美しさであると考えなければならない。

デザインに要求される基本的な条件としては、主に機能性、安全性、審美性、独創性、耐久性、

表1　デザイン活動の基本条件

WHO（だれが）		だれが使用するのか。デザインされたものには必ずそれを使う対象者がいる。対象とする人間の年齢、性別、職業、ライフスタイルや好みなどを把握する。
WHY（何のために）		どのような目的で使用するのか。使用目的に対しての要望がデザイン計画に考慮されていなければならない。
WHEN（いつ）		いつ使用されるデザイン計画なのか。時間や季節に応じたデザイン計画を行わなければ、需要は生まれない。市場に展開する時期を読み取ることが重要である。
WHERE（どこで）		どのような場所や環境で使用されるデザインなのか。使用する場所によってデザイン計画は異なってくる。使用する場所や状況をふまえて、材質や形態、色彩計画を立てなければならない。
WHAT（何を）		どのような形のものを作るのか。どのような機能をもたせるのか。人間にどのような作用を及ぼすものをつくり出すのか。デザインに対する要望が各視点で十分に検討されていることが大切である。
HOW	MUCH（いくらで）	計画されたものを、いくらで販売するのか。最小の経費で最大の効果を発揮させる。経費と効果とのよりよいバランスをつくり出す作業が、デザイン計画の中では重要である。
	MANY（どのくらい）	計画されたものをどのくらいの量で生産するのか。無駄なく生産し、最小限の商品在庫をもって、効率よく商品を販売する。商品在庫と売り上げのよりよいバランスが大切である。

経済性の六つの視点があげられる（図1）。

機能性では、人間の身体構造や機能に対して無理がなく、材料や材質が適正に使用され、活動が楽であり、扱いやすいこと。安全性では、人間の身体・精神への安心感や安全性が配慮されていること。審美性では、材質、色彩、形態に美的要素が表現されているとともに、各時代が要求する美の要素も含まれていること。独創性では、独自の発想、優れた感性をもとに、独創的要素が表現されていること。耐久性では、材質の風合いや効果に持続性があること。経済性では、最小の経費で最大の効果をあげるため、材料費、人件費、時間の効率化が考えられていることなどがあげられる。

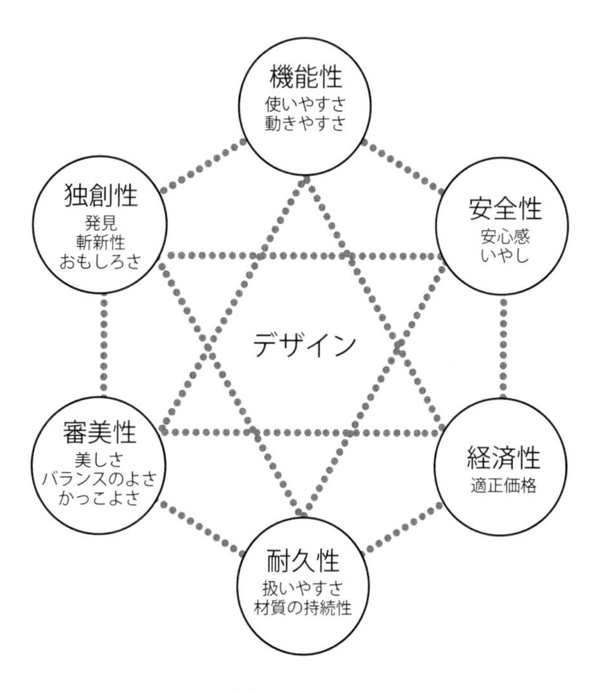

図1　デザインに要求される条件

3 デザインの領域

デザインの対象となる領域は、私たちの生活すべてに関わり、人間に最も近い衣服から、道具、機器、家具、建築、造園、都市空間にまで及ぶ。これらを、人間生活とデザインとの関わりの中でデザイン活動として捉えると、図２のように大別して説明することができる。

日常の生活の中で使われる造形物は、プロダクトデザイン（product design）、インダストリアルデザイン（industrial design）、ファッションデザイン（fashion design）に大別される。

① プロダクトデザイン（product design）

プロダクトとは「生産」を意味し、身近な生活空間の中で必要な用品や装飾品などを対象とする。インダストリアルデザインは家具や家電、車、機器などの工業的に生産されるもの。ファッションデザインは衣服や靴、帽子、アクセサリーなど服飾に関係するものである。

② スペースデザイン
（space design：空間・環境デザイン）

スペースとは「空間」を意味し、生活環境づくりを目的とし、空間そのものをデザインすることである。その空間には、私たちが日々、生活を営んでいる室内から都市、地域、さらには自然環境にまたがる空間がある。大きくは、建築デザイン（architecture design）、都市デザイン（urban design）、景観デザイン（landscape design）、インテリアデザイン（interior design）、エクステリアデザイン（exterior design）などがある。

③ コミュニケーションデザイン
（communication design：伝達デザイン）

コミュニケーションとは「伝達、報道、連絡」などを意味する。コミュニケーションデザインは人間同士の意思や感情、情報など、目に見えない情報を目に見える形で伝達するためのデザインである。

近年はIT（information technology：情報伝達技術）などのさらなる情報伝達の進歩により、多種多様な新しい伝達方法が展開されている。その伝達方法には、グラフィック（graphic）、CG（computer graphic）、映像（image）など視覚に関わるデザインがある。コミュニケーションデザインは、人間の五感すべてがその対象となるが、近年では、聴覚、触覚、臭覚を対象としたデザインも展開されつつある。

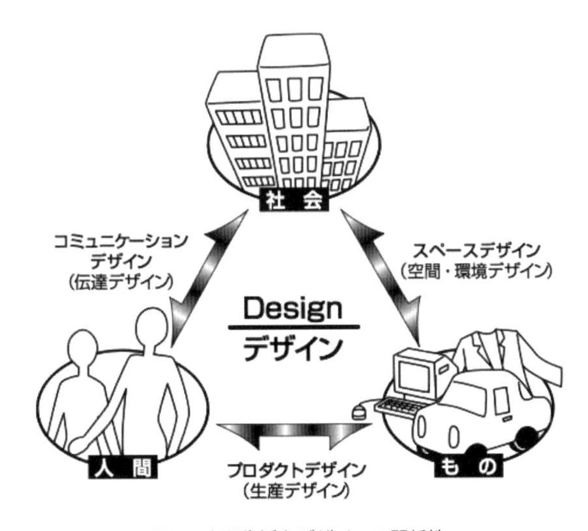

図２　人間生活とデザインの関係性

2 生活とファッションデザイン

1 ファッションの意味

私たちは、ファッションという言葉から、時代とともに変化する若者の衣服やアクセサリー、ヘアメイクなどを想像する。ファッションの語義は、ラテン語のファクティオ（factio：作る、行為、所作）を意味し、古フランス語に入って、ファソン（façon：仕方、方法、行為、流儀）になり、英語でファッション（fashion：流行、はやり）となった。

英語でのファッション（fashion）の意味は、方法、様式、上流社会のしきたり、はやりの型、流行などであるが、一般的には「流行」の意味が主流である。フランス語では、「ヴォーグ（vogue）」が同義語として使われている。「モード（mode）」という言葉もあるが、モードは一般に流行する前に先がけて現れる先駆者的な現象を指し、英語での「ハイ・ファッション（high fashion）」とか「トップ・ファッション（top fashion）」に該当する。

広辞苑では、「流行」は「急にある現象が世間一般にゆきわたること、特に衣服、化粧、思想などの様式が一般的に広く行われること」と記されている。すなわちファッションとは、社会や大衆に受け入れられて初めて成立する現象なのである。近年では、同義語としてトレンド（trend：傾向）という言葉も多く用いられている。

2 ファッションの漸進性

ファッションは、「流行」を意味するように、時代とともに発生してやがては消えていき、また次のものが発生するという性質がある。この現象は、ファッションの漸進性といわれ、海の波にたとえて説明することができる（図 3）。

まずその時代に存在する自己表現欲の強いリーダー的人間により、具体的なデザインが考案される。それらが多数の追随者により支持され、流行の波となり、やがて衰退する。そして衰退せず定番化したものがスタイル（様式）となり定着する。

ファッション現象には、常に前触れがあり、

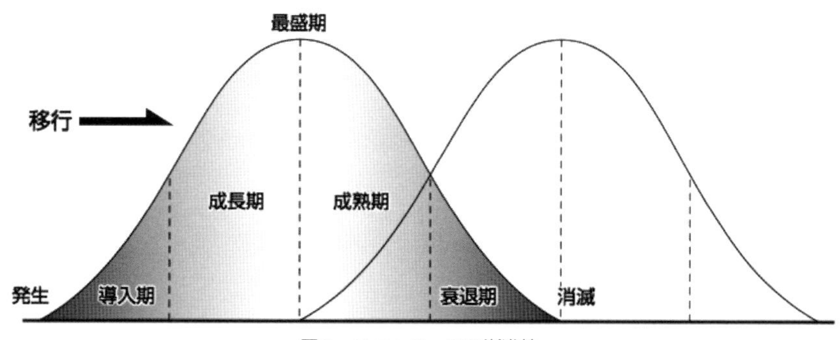

図 3　ファッションの漸進性

進展して最盛期の山をつくる。したがって、一つがピークを迎えているときには、次に来る現象が徐々にその兆しを現し、それらが重なり合い、繰り返されている。

「ファッション（＝流行）は繰り返される」と言われるが、それは常にその時代の社会状況が背景となり発生するからである。過去のある時期と共通点がある時代には、同様のファッションが出現しやすいといわれる。つまり過去流行したデザインが再び注目され、それに新しい時代感覚が加わり斬新なデザインとして表現されるのである。この現象は、「ファッションの循環性」といわれ、この繰り返しは、同一の円周上を回っているわけではなく、渦巻き状に再生しながら回帰している。

したがってファッション現象は、常にその時代の社会状況と人間の欲求が混在し、相互に作用し合いながら成り立ち、漸進性と循環性を繰り返しながら新しいデザインを生み出しているのである（図4）。

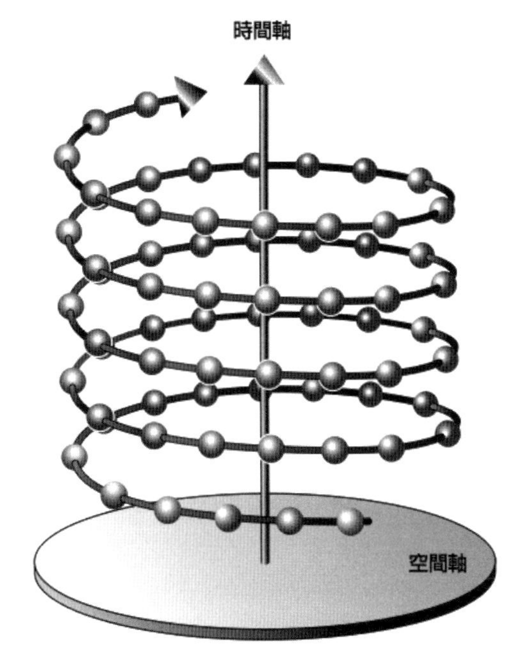

図4　ファッション現象

3 ファッションデザインとは

ファッションは日本語では一般的に「流行」と訳されているが、本著で取り上げるファッションデザインは、衣服を中心としたアクセサリー、メーキャップ、ヘアスタイルなど服飾に関係するデザイン分野を指す（表2）。

毎年、世界中で、ファッションデザイナーのコレクションが開かれ、ファッションジャーナリストをはじめとする報道陣が、斬新なデザインを世界中に紹介する。ファッション雑誌に掲載されると、世間ではたちまちこれらの商品が店頭に立ち並び、街中で同じスタイルの女性を多く見かけるようになる。新作、新色、新素材など、「新」がつく商品が発表されるたびに、世間の話題となり、人々の購買意欲をかきたてる。この現象がファッション分野に多く現れるのは、気軽に、自由に、自己表現ができる衣服と服飾関連商品が中心に展開されているからであろう。ファッションデザインは、社会環境の変化に対して、人々がどのように感じ、何を欲するかを瞬時に感じ取り、デザインとして提案していく最も人間に近いデザイン分野である。これまでもその時代をリードするファッションが社会に提示され、新しいデザイン思潮を提示してきた。社会環境や時代の背景とともにファッションは移り変わるのである。

表2 ファッションデザインの種類

ファッションデザイン	意　　　味
アパレルデザイン（apparel design）	アパレルは、「衣服・装い・服装」を意味し、日本では 1970 年代から衣服と衣服に関連する繊維製品一般を指す言葉となっている。既製服と呼ばれて、注文服（オーダーメイド）よりも簡易な衣服を意味している。
コスチュームデザイン（costume design）	既製服とは別に、「注文によって個人のために作る服、なんらかの特殊性をもった衣装、舞台衣装」などのデザインを指す。
テキスタイルデザイン（textile design）	テキスタイルは、「織」という意味から、織ること、織られたものを指す。現代では、染、ニットトレース、刺繍などの手法も含んだ生地全体をいう。テキスタイルデザインは、服地、ネクタイ、スカーフ、カーテンなどの生地を総合的（素材・柄・配色）にデザインすることである。
アクセサリーデザイン（accessory design）	アクセサリーとは、「装いの付属品」のこと。イヤリング、ネックレス、指輪、帽子、手袋、バッグ、スカーフ、ベルトなどは、衣服と組み合わせることによって、より美的効果を高めるものである。
コスメティックデザイン（cosmetic design）	美しく装うものという意味で、メーキャップやヘアスタイルなどの、おしゃれに関するデザインを指す。近年では、特に化粧という領域から全身美容や、ヘアカラー、健康、リラクシング療法まで広く含めた領域になりつつある。

3 生活の中の衣服

1 衣服の意味

衣・食・住は人間が生活していくうえでの基本的な要件とされる。私たちの身体には、生涯「被うもの＝着るもの」が存在し、それらの着装行為によって衣生活は営まれている。

「衣」は、襟(えり)と左右の袖(そで)の形からできた象形文字で、人間を覆う「ころも、きもの」を表している。現在、衣は、「ころも、きぬ、え、きる（着る)」などと呼ばれ、衣服、被服、衣類と同義語として用いられている。この「着るもの」の名称と同様に、その行為も「まとう」や「はおる」「はく」「かぶる」「巻く」「付ける」「締める」など、いくつかの意味があり、その時代や地域によりさまざまな使われ方がある(表3)。　本書では、ファッションデザインの中でも特に「衣服」を中心に解説している。また衣類の他に、帽子やマフラー、手袋など身体の各部位を被う装飾品は「服飾小物」と称している。

2 衣服の起源と着用動機の発展

人間はどのような理由から衣服を着装したのであろうか。

その起源は、暑さや寒さを凌ぎ外傷を避けるため、あるいは外敵から身を守るため自然や周りの環境に適応するため、そして羞恥心に対処するため身を被うことから必要とされた。当初、人間は生存していくために動物の毛皮や魚の皮、樹皮をなめしたものを着用していた。

やがて、人間が社会的関係を築いていくと、衣服の役割は単なる機能だけではなく自己を飾りたい、異性をひきつけたい、権威を誇示したいなど他者に対する表現手段として用いられた。

衣服は、地域や生活環境、各民族の風習、文化や時代により異なるが、共通して言えるのは外界からの保護から、外界への意思伝達（コミュニケーション）へと発展していったことである。そして美意識や文化意識の発展とともに衣服は、自己表現のツールとして大きな役割を担い、今日に継承されている。

3 自己実現の欲求を表現

この衣服の着用目的と社会との関係は、マズロー（A.H.　Masiow）の人間の5段階欲求説とも関係が深い(図5)。マズローは、人間の欲求を5段階で示し、人間の基本的欲求は、自然環境への適応や身体保護を考えた生理的・安全の欲求であるという。社会の形成につれて、所属や職業、階級などを表現したいという社会帰属の欲求が強くなり、高次な欲求になるほど、自己の尊厳や表現を重視した自我の欲求、さらには、自己能力を実現したいという自己実現の欲求になると示している。

衣服は、まさに人間が本来持っている自己表現への欲求を具現化する媒介物であるといえよう。衣服で身を装い、自己表現し、社会参加を図るということはすべての人に与えられた平等の行為である。すべての人が衣服を通して、心豊かに自由に楽しく暮らすための衣生活環境のあり方を考えることが重視されている。

表3　衣服に関連するさまざまな用語

衣　服	人体の大幹部および腕や脚部をおおいまとうものの総称。 着たり、はおったり、巻きつけたりするもので、ドレス、コート、ジャケット、スカートなどをいう。
被　服	着装を目的として、人体各部をおおい包むものをさす。帽子やマフラー、ネクタイ、靴など、 身につけるすべてをさす総合的名称である。
衣　料	衣服やその材料となる布地などの総称。
衣　類	衣服類の総称。
衣装(裳)	古典語に属する言葉で、「衣」は「下半身を被うもの」を、「裳」は「上半身を被うもの」の意味がある。 現代では、舞台衣裳、結婚衣裳など限られた範囲のものに使われる。
着　物	着る物がつまって着物となったことばで、広義では衣服と同じように使われる。 狭義では洋服に対し、日本の衣服つまり和服のことをいう。
服　飾	被覆の装飾品の総称をいい、身につける衣服に加えて、かぶり物、はきもの、持ち物、髪飾りなどの 装身具なども含めたものをいう。
服　装	服装とは、服飾品を身につけることによって形成される身なり、または装いのすべてをさし、 衣服が人間につけられている時、始めて服装が成立する。

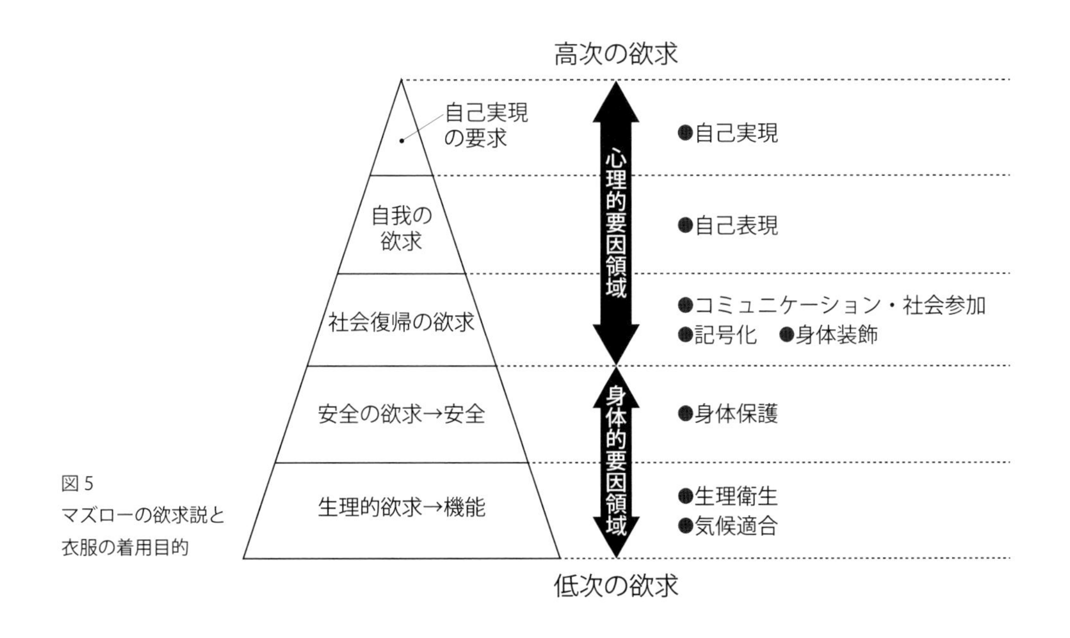

図5
マズローの欲求説と
衣服の着用目的

4 衣服の分類

1 形態・服種による分類

衣服を観察すると、身体の各部位を包み込む形態であると同時にそれらが結びつき、さまざまな形（衣服デザイン）を形成していることが分かる。頭部を被うものには、帽子やフードなどのかぶりもの。頸(けい)部は、衣服の襟やスカーフ、マフラーなど。躯幹（くかん＝胴体）部は、袖を除いた上半身でベストや上着類を、腕部は、袖やカフスを形づくっている。腰脚部は、スカートやズボンなど下半身を被うものを、手部および足部は、手袋や靴下、靴によって包み込まれている。

表4　服種による分類

	服種別分類	
一部形式	ワンピースドレス	上着と下着をひとつに続けた一枚の衣服として着られるドレスの総称。 ウエストはぎがあるものとないものがある。略してワンピースやドレスともいう。
	アンサンブル	ワンピースとジャケット、スーツといった調和のとれたひと揃えの衣服のこと。 アンサンブルの場合は全体統一という意味が強く、衣服自体はもちろん、付属品も含めて、 それぞれのものが一緒に使われて全体としての美の装いを指す。
	オーバーオールズ	セーターあるいはシャツなどのあらゆるものの上に着るズボン形式の仕事着や遊び着の ことをいう。幼児用の上下続きの衣服や若者のジャンプスーツなども 応用デザインとして用いられている。
	コート	もっとも外側に着用される衣服の総称。日本語の外套（がいとう）にあたるもので、 男女とも防寒、風雨、ちりよけ及び装飾などの目的で、野外でのみ着用され、 この点においても他の衣服とは異なる。
二部形式	スーツ ツーピースドレス	それぞれ独自の役目をもっているもののひと揃えの衣服のこと。 現在では、ジャケットとスカートなどに別れた形をいい、上下共布のものばかりではなく、 別素材でコーディネートされたものまで含まれる。
	ベスト	「チョッキ」「胴衣」の意味で袖がなく、シャツの上、上着の下の中衣として着る 衣服のこと。スーツやブラウス、スカートと組み合わせて、 着こなしを楽しむアクセント的な役目で用いられる。
	ブラウス	上半身を緩やかに被う衣服のこと。 タック・イン・ブラウス（スカートの中にたくしこんで着るブラウス）と オーバーブラウス（スカートの上に出して着るブラウス）に分類される。
	スカート	下半身を被っている独立した腰衣のこと。 シルエットや丈、ディテールなどの多種多様なデザインがある。
	パンツ	両脚を別々に包む股つきの下体衣のこと。 ズボン、スラックスの名称もあり、一般的にはパンツがよく用いられている。

各部位を包み込む形態は、時々の時代によりシルエットやディテールが変化し、常に最新の衣服デザインを創り出してきた。
図６は身体の部位と衣服形態の関係を示したもので、これらは服種やディテールを考える際の視点となる。

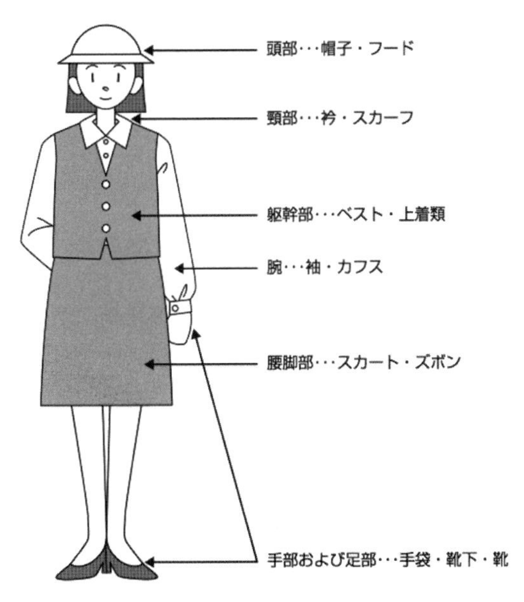

図６　身体の部位と衣服形態の関係

衣服は、表４のように、ワンピース、ツーピース、コート、上衣類（シャツ、ジャケット）、下衣類（スカート、ズボン）、下着などの服種に分類することができる。

衣服を身体構造から分類すると、身体の上半身と下半身を合わせた一部形式の衣服と、上半身用と下半身用に分けた二部形式の衣服がある。一部形式はワンピース、コートなどの肩で支えるもの、二部形式はシャツやパンツなど、肩で支える上衣と胴回り（ウエスト）で支える下衣類から成る。

2 着用動作による分類

私たちは衣服を、下着、中着、上着、外被の順序で重ねて着装している。直接肌に密着している下着には、身体の保温性や生理衛生上の機能、整形的な機能が求められ、上着や外被には機能性に加えてより装飾性が求められる。私たちは、無意識のうちに衣服それぞれに役割を捉えており、日常生活のさまざまな機会や場所に応じて適した衣服を着用してきた。

衣服の着用動作は、人間の運動機能や残存能力と深い関わりがあり､ユニバーサルファッションを考える上で把握しておかねばならない重要な要因である。次頁の図７は衣服の着用動作の分類を示すものである。

3 ライフスタイルによる分類

ライフスタイルとは、生活様式のことで日常の生活行動や目的に合わせて、衣服を用途別に分類する方法である。一般的にはオフィシャルライフ（社会生活）とプライベートライフ（個人生活）に分類される。

オフィシャルライフでは、社会生活に対応するフォーマルウェア、ビジネスウェア、キャンパスウェアなどに分類される。プライベートライフとは、私的な生活活動全般を含むもので、シティウェア、スポーツウェア、ワーキングウェアなど自己の嗜好を十分に取り入れた衣服に分類される。

休養型では、家や休養地に対応するリラクシングウェアなどに分類される（表5）。

かぶる

外部環境からの身体保護や羞恥からの身体包括から、被う（おおう、かぶる）着装の原点が考えられた。貫頭衣（図5）がこの類で古代のドレス類もかぶって着用したといわれている。

巻く

外部環境からの身体保護や羞恥からの身体包括から、被う（おおう、かぶる）着装の原点が考えられた。貫頭衣（図4）がこの類で古代のドレス類もかぶって着用したといわれている。

結ぶ

布地を身体に固定させるための方法また装飾的なテクニックとして考えられた着装のことである。

閉じる

開いている衣服を固定させ、整えるため、ボタン、ホック、ファスナーなどを用いて止める着装方法である。

はおる

肩からかける着装のことで、基本的には儀礼性の強い衣服に用いられる。着物の上に着る「羽織」はその代表である。

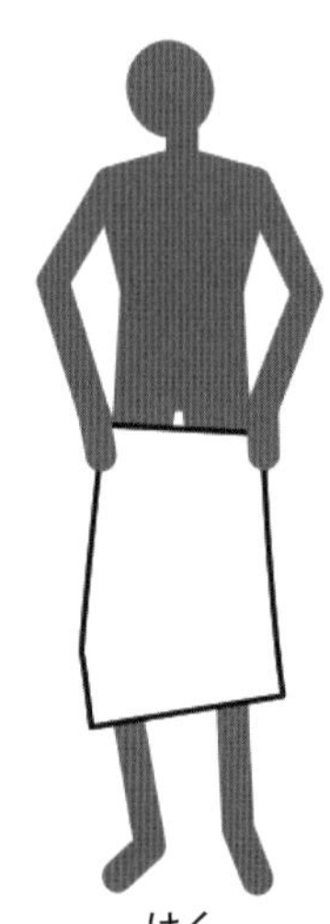

はく

腰部、脚部などの下半身の構造、機能からの着装のことで、ズボン、スカート、靴、靴下などはすべてはくものである。

合わせる

腰合わせるは、左右のものをつき合わせたり、重なりをつくって着装することをいう。

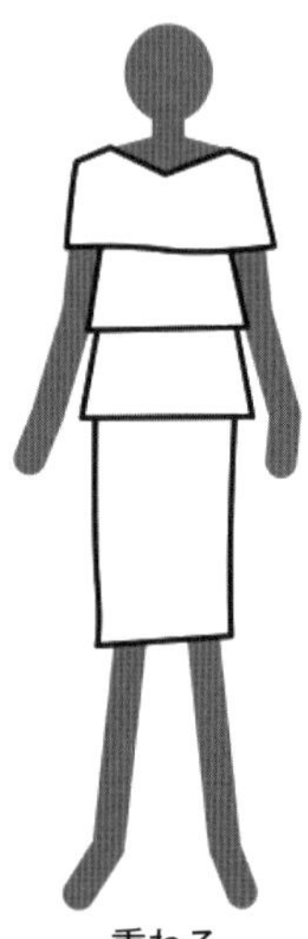

重ねる

重ねるは上下に合わせ、重なりをつくって着装することをいう。体温調節などの生理機能と素材を重ねる装飾的効果から考えられたものである。

図7　着用動作による分類

表 5　ライフスタイルによる分類

	TPO	ライフスタイル	服　種	特　徴
用途基準のライフスタイル分類	オフィシャルライフ	●フォーマルライフ 結婚式、祝賀会、レセプション、 公式パーティ、葬式	ウェディングドレス、イブニングドレス、 カクテルドレス、ファーコート、留袖、 紋服、振袖、喪服	・礼服としての一定のフォームが存在する衣服 ・格調の高さ、高級感、儀式的雰囲気のある衣服
		●セミフォーマルライフ 入学式、創立記念式、卒業式、 音楽会、発表会、見合い、社交	アフタヌーンドレス、カクテルドレス、 ロングスカート、マキシスカート、 シルクブラウス、訪問着	・儀式以外の社会的な行事に対応する衣服 ・礼服よりも格調は低いが華やかさや品格を持つ衣服
		●ビジネスライフ 通勤、仕事、会議、作業、 接客、出張	ビジネスウェアのコーディネート、スーツ、 パンツスーツ、コート類、シャツ、ブラウス、 セーター、スカート、パンツ	・職場の雰囲気にあった仕事着 ・行動的、合理的、機能的で流行を少し取り入れた衣服
		●キャンパスライフ 通学、授業、勉強、研究、 研究旅行	キャンパスウェアのコーディネート、 ジーンズルック、Tシャツ、セーター、 カーディガン、ジャンパー、ジャケット	・学校生活にふさわしいスポーティブで機能的な衣服
	プライベートライフ	●タウンライフ 通勤、通学、訪問、ショッピング、 デイト、おけいこ、外食、観劇	タウンウェア、シティカジュアルの 各種単品によるコーディネート	・楽しく、親しみやすい活動的な衣服
		●ソーシャルライフ 同窓会、音楽会、文化教室、PTA、 訪問、クリスマスホームパーティ、 誕生会	シティエレガンスルック、 ドレスライン、アフター5、 ソーシャルルック、訪問着	・ライフシーンにふさわしい個性的でカジュアルな装い服
		●レジャーライフ スポーツ観戦、ドライブ、 ハイキング、短期旅行、 長期バカンス、ホテルでのくつろぎ	トラベルウェア、ドライブウェア、 ハイキングウェア、 スポーツカジュアルの各種単品コンポ	・余暇タイム用遊び着 ・ライフシーンに合わせた軽快で楽しい装い服やくつろぎ服
		●スポーツライフ テニス、スキー、水泳、釣り、 ゴルフ、ヨット、登山、探検、 アスレチック・スポーツ各種	テニスウェア、スキーウェア、ゴルフウェア 水着、ヨッティング、フィッシング、 スポーツの機能を持つ単品コンポ	・目的がスポーツの場合は、各種機能別のフォームがある。 ・レジャーウェアとの関連も強い衣服
		●ヘルシースポーツライフ ジョギング、ジャズダンス、美容、 体操、新体操、ヨガ、サイクリング	レオタード、シェイプアップウェア、 トレーニングウェア、ショートパンツ、 Tシャツ、スェットシャツ、ジャンパー	・健康志向の運動に適したスポーツウェア
		●ホームライフ くつろぎ、睡眠、読書、TV、 家事労働手作り、ペット、園芸、 DIY、散歩	リラクシングウェア、ホームワーキングウェア、 ラウンジウェア、ナイトウェア、 ナイトガウン、エプロン、ワンマイルウェア	・家庭中心のくつろぎ着 ・睡眠着、家庭用作業や近所へ出かけるふだん着

5 衣服と身体

1 さまざまな体型を知る

体型とは「身体の型」「体つき」のことで最外層のアウトラインのことをいう。体型の基礎を形づくるのは骨格であり、形や寸法の異なる約200余りの骨が連結して成り立っている。骨はそれぞれの関節でつながっており、その関節に筋が付着して、筋が伸びたり縮んだりすることにより、骨を動かし人体に運動を起こさせている。さらにその外側に皮下脂肪があり、皮膚で被われて体型が形成されている。

身体のプロポーション（比例）は、性別や年齢、人種などにより異なる特徴を持っている。体型には、多数の人体計測の数値に基づいた標準体型が設定されており、その差異により「痩身や肥満」などのサイズ、「反身や屈身」「前肩や後ろ肩」などの各部位の形体、「前傾や後傾」などの姿勢に分類される（図8）。

衣服デザインを行なう際は、体型やプロポーションをよく把握し、「着用者の体型の長所を活かし、短所を補う」という体型バランスに留意したデザインを心がけることが大切である。

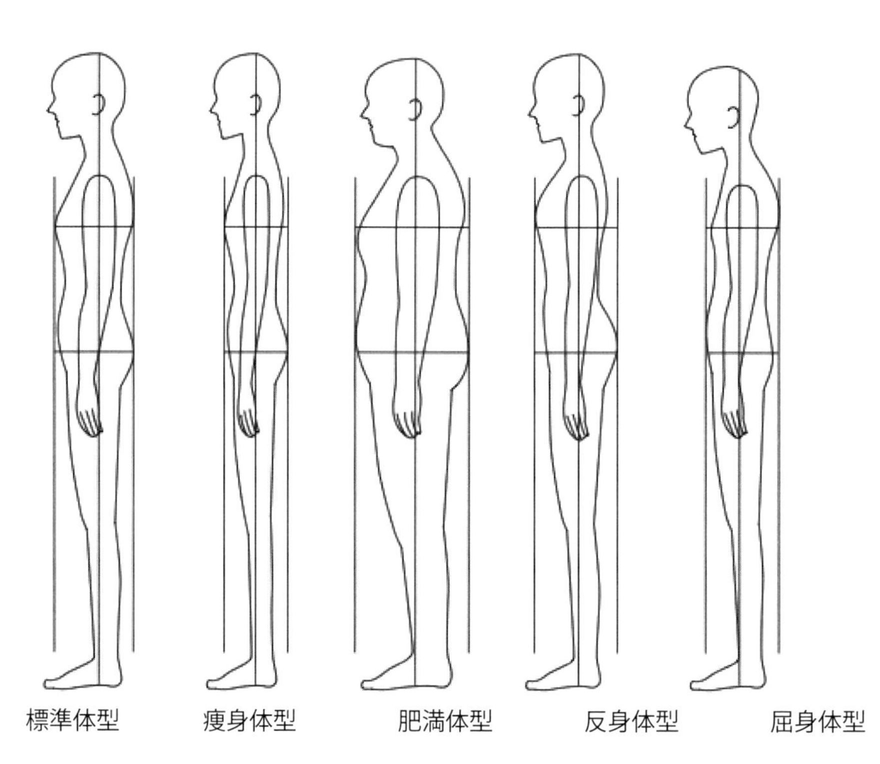

図8　体型による差異

2 衣服とサイズ

私たちが、日常身につけている衣服のほとんどは既製服である。既製服は、不特定多数の人々の需要を見越して、一定の規格により工場で大量生産し、そのまま着用できる商品として販売される衣服のことで、日本工業規格（JIS）により寸法が規格化されている。

JIS 規格の採寸表示は、身長、バスト(胸回り)、ヒップ(腰回り)の３か所で、これらのバランスにより規格が定められている。日本人の成人女子を例にあげると、身長を 142cm、150cm、158cm および 166cm に区分し、さらにバストを 74 ～ 92cm までの 3cm 間隔で、92 ～ 104cm までを 4cm 間隔で区分した時、それぞれの身長とバストの組み合せにおいて、出現率が最も多いところに属する人の体型を A 体型とし、ヒップの大小とのバランス（差）で Y、AB、B 等に設定されている(表６・７・８)。

図９　体型区分の表示例

（成人女子）
サイズ
バスト 79～87
身長 154～162
M

（成人男子）
サイズ
チェスト 96～104
身長 165～175
MB

図 10　範囲表示の例

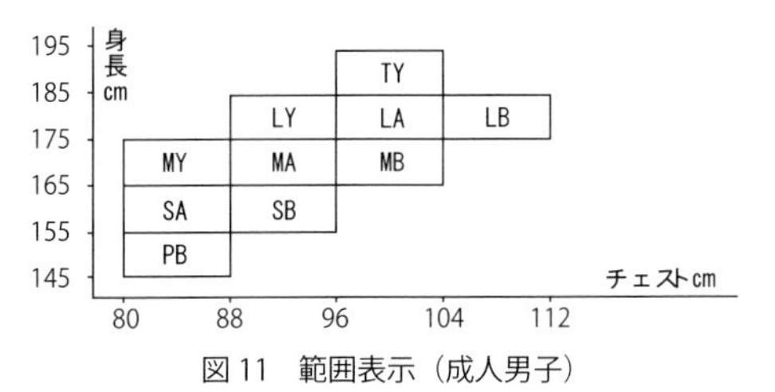

図 11　範囲表示（成人男子）

表６　体型の区分（成人女子）

体　型	区 分 の 意 味
A 体型	日本人の成人女子のそれぞれの身長とバストの組み合わせにおいて、出現率が最も高くなるヒップのサイズで示される人の体型
Y 体型	A体型よりヒップが 4cm 小さい人の体型
AB 体型	A体型よりヒップが 4cm 大きい人の体型 ただしバストは 124cm までとする
B 体型	A体型よりヒップが 8cm 大きい人の体型

表７　身長の区分（成人女子）　（cm）

記　号	中心値	範　囲	意　　味
PP	142	138～146	プチット・プチット(極小さい)
P	150	146～154	プチット(小さい)
R	158	154～162	レギュラー(標準)
T	166	162～170	トール(高い)

表８　身長区分によるＡ体型のバストとヒップのサイズ（成人女子）　（cm）

号数	3	5	7	9	11	13	15	17	19
バスト	74	77	80	83	86	89	92	96	100
ヒップ	85	87	89	91	93	95	97	99	101

表９　範囲表示（成人女子）　（cm）

号数	身　長	バスト	ヒップ	ウエスト
S	154～162	72～80	82～90	58～64
M		79～87	87～95	64～70
L		86～94	92～100	69～77
LL		93～101	97～105	77～85
3L		100～108	102～110	85～93

表 10　身長区分（成人男子）　（cm）

号数	2	3	4	5	6	7	8	9
身長	155	160	165	170	175	180	185	190

表 11　体型区分（成人男子）

体型	J	JY	Y	YA	A	AB	B	BB	BE	E
ドロップ量※（cm）	20	18	16	14	12	10	8	6	4	0
サイズ数	7	7	8	15	22	22	12	12	6	6

※ドロップ量　胸囲と胴囲の差

また寸法の表示には、単数表示と範囲表示（表9）がある。単位表示は、9号（バスト83㎝、ヒップ91㎝、身長158cm）などの数字記号で表示され、その範囲は表示されているサイズの中間サイズ（9号であれば、バスト83㎝なので、81.5～84.5cmまで）となっている（図9）。範囲表示は、S、M、L、ＬＬなどといったサイズ記号で表示されている（図10）。成人男子の場合は、身長区分（表10）と最も細身の体型「J」から最も太身の体型「E」の10タイプに分類されており（表11）、範囲表示は、身長とチェスト（胸囲）の関係で表示されている（図9・10・11）。

3 衣服と動作

日常生活の中で私たちは、歩く、立つ、座る、寝るなどさまざまな動作を繰り返している。身体がある動作をすると骨格の位置が変化し、それに伴って筋肉の膨隆や伸縮が起こる。これらの動作は、すべて関節の動きで行われ、関節の種類により動く量や方向が異なる。身体寸法も静止の立位姿勢とは異なり変化する。

衣服を着用して動作を行うと、衣服に変化が現れる。腕を上げると、肩甲骨の位置が移動して肩幅が狭くなり、背幅や腋下の長さが増し、上着の肩に余りじわができ、脇下に向かってつりじわが入る（写真1）。前方に屈伸した場合、脊柱や胸郭が前方に移動し、上着の前丈が余り、後ろ丈が不足して背中が見える状態になる（写真2）。肘を曲げたときは筋肉が膨張して肘囲りが太くなり、腕寸法が長くなり、袖丈が短くなる（写真3）。椅子に座った時や正座した時は、臀部やウエスト、太ももも太くなり、前股上丈が余り、後ろ股上丈が不足する。また、ズボン丈も短くなる（写真4）。

身体の動きを考慮し、適したゆとり分量を考えた衣服制作を行なうことが大切である。

写真1　腕を上げた場合

写真2　前方に身体を倒した場合

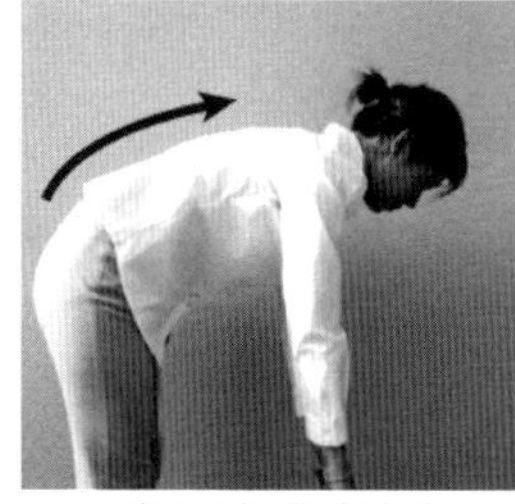

写真3　肘を曲げた場合

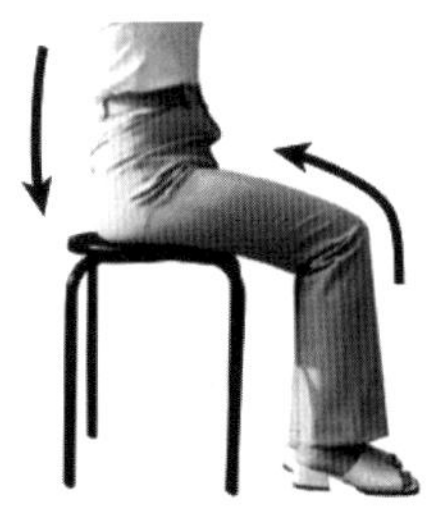

写真4　座り姿勢の場合

4 衣服の採寸

「採寸」は衣服を製作する場合、最も基礎となる工程である。身体に適応した着やすい衣服を製作するには、着用者の体型を数値上把握しておくことが必要である。表12に示す部位を計測することでデザイン上の基本的な寸法を得ることができる。

ただ衣服製作の目的は、着用者にとって着心地のいい服を作ることであり、必要以上に数値にこだわった採寸でなければならないというものでもない。数値は立位を基本としたもので、それを把握した上で前述のように自然の姿勢や動きやすさを考慮することが身体に適応した採寸と言えるだろう。特に高齢者や障害者の場合は、そのことの配慮が十分なされなければならない。

採寸箇所

製作する服種により採寸箇所を決め、正しく採寸する

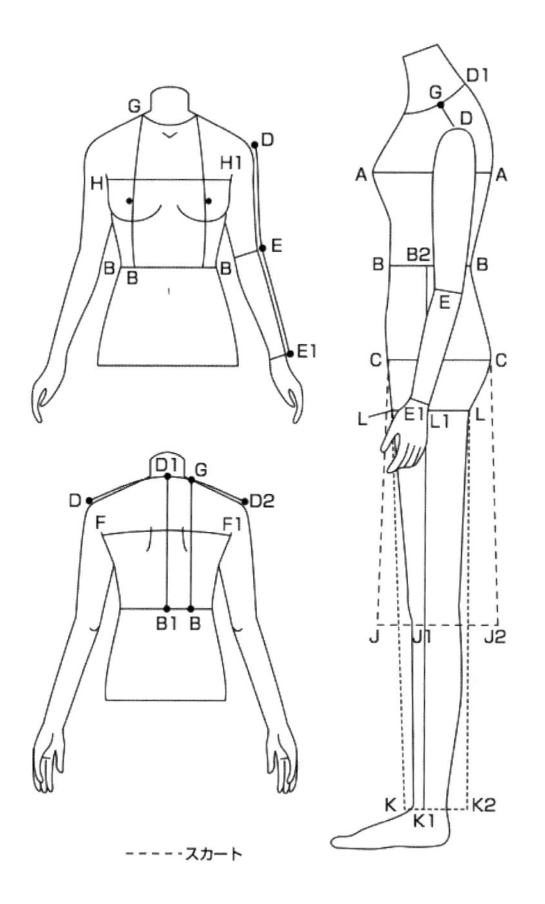

表 12　計測部位と採寸方法

バスト	バストポイントをとおる一番胸の高いところ（トップ）の周囲 A を水平に測る。
ウエスト	腹部の一番くびれている周囲 B を測る。
ヒップ	臀部の一番大きいところの周囲 C を測る。
腕付け根回り	ショルダーポイント D をとおって腕の付け根の周囲を測る。
ゆき丈	ゆき丈、バックネックポイント D 1 からショルダーポイント D をとおって自然に下げた腕にそって肘 E をとおり、手根点 E1 まで測る。
袖丈	袖丈はショルダーポイント D から手根点 E1 までの寸法で、ゆき丈から背肩幅（D-D1-D2）の $\frac{1}{2}$ をひいた寸法と同寸である。
背肩幅	左右のショルダーポイント D-D2 間の寸法でバックネックポイントD1をとおるように測る。
背幅	背部の左右の後腋点間、F-F1 を測る。
背丈	バックネックポイント D1 からウエストの後ろ中心 B1 をとおるように測る。
後ろ丈	サイドネックライン G から肩甲骨をとおり、ウエストラインBまでおろした寸歩を測る。
前幅	胸の左右の前腋点 H-H1 間を測る。
前丈	サイドネックポイント G からバストポイントをとおり、ウエスト B まで垂直におろした寸法を測る。
着丈 - ドレス丈	バックネックポイント D1 から裾 J2 までの寸法を測る。(製作する衣服丈のことをいい、デザインにより変わる)。
スカート丈	ウエスト B からスカートの裾 J2 までの長さをはかる。また着丈 D1-J2 から着丈 D1-B1を引いた寸法がスカート丈になる。
パンツ丈	側面のウエスト B2 から膝をとおり、くるぶし K1 までを測る。
股上丈と股下丈	股上丈はウエスト B2 から股の付け根 L1 までを測る。また腋丈 B2-K1 から股下丈 L1-K1 を引いた寸法でもある。股下丈は臀部のした L からくるぶし K2 までの寸法を測る。

6 衣服の構成要素

1 素材

① 繊維の種類

一般に私たちが着用している衣服の素材には、糸・織物・編物と呼ばれる繊維や皮革・毛皮・合成樹脂などがある。布地の原料である繊維とは、「糸、織物などの構成単位で、太さに比して十分な長さをもつ細くてたわみやすいもの」(JIS：日本工業規格）と定義されており、それらの繊維を何本も収束し、撚って糸にし、糸を織ったり、編んだりして、衣服の素材である布地が作られる（図13)。

繊維の種類には、自然界に存在する動物の表毛や蚕の繭、植物などから得られる天然繊維と、天然繊維以外で、人工的な方法により作られた化学繊維(人造繊維)がある(表13)。天然繊維は、概して通気性や保温性にすぐれており、やわらかさやしなやかさがある。一方、肌になじみやすいが耐久性に欠けたり風合いが変化するなどの特徴がある。

化学繊維は、しわになりにくいや軽い、耐久性があるなどの機能性に優れているが、風合いは天然繊維とは異なるなどの特徴がある。現在では、両繊維の長所を融合させた新素材の開発や保湿性、防水性、抗菌性、耐熱性など機能性を重視した加工技術も進んでおり、衣料はもちろん、テクノロジーや福祉医療など多岐にわたり活用されている。

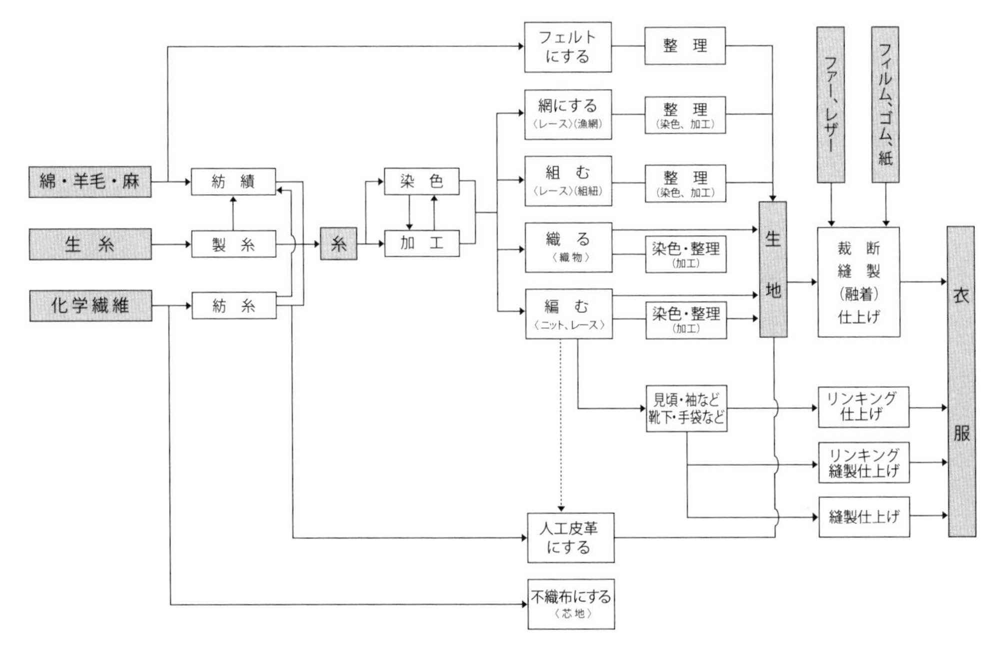

図13 各種原料から衣服ができるまでの工程

表 13　繊維の種類と性質

種　類		繊維の種類	商標名の例	性　　質	用　途
天然繊維	植物繊維	綿		肌ざわり、吸湿性の良さ、使いやすさ、耐久性などに優れ、一般的な実用繊維として使用される。布地もプレーンなものから薄手のものと、バリエーション豊富である。欠点としてはしわになりやすく、洗濯により収縮することがある。	ワイシャツ、ブラウス、肌着、寝衣、靴下、芯地、縫い糸
		麻		非常に強く、吸湿性がよい。美しい光沢と張り、清潔感があり、春夏の素材として好まれる。欠点としてはしわになりやすい。	ワイシャツ、ブラウス、肌着、靴下、芯地
	動物繊維	毛		保湿性に優れるとともに弾力性、伸縮性に優れ、しわになりにくい。しかし水や湿度に反応し、洗濯では毛羽立ちやすく収縮しやすい。繊維に張りや腰、柔らかさを持ち合わせているので、各種の衣服に幅広く活用されている。	紳士服、婦人服、子供服、オーバーコート、セーター、靴下、マフラー、芯地
		絹		優雅でしなやかな感触、ドレープ性を持ち、非常に軽く着心地がよい。染色性がよいので、先染め、後染め、プリント柄が多い。しかし、しわになりやすく、洗濯では収縮しやすい。	婦人服、ブラウス、スカーフ、ネクタイ、和服、裏地、縫い糸
化学繊維	再生繊維	レーヨン	各社レーヨン	絹のような感触をもった繊維で、肌触りの良さ、ドレープ性、鮮やかな発色、光沢が特徴である。しかし、しわになりやすく、水に濡れると極端に強度が低下する。	婦人服、子供服、ブラウス、裏地
		ポリノジック	タフセル、ジュンロン		
		キュプラ	ベンベルグ		
	半合成繊維	アセテート	テイジンアセテート、リンダ	あまり強くないが、軽くふっくらした感触があり、絹のような光沢がある。熱可塑性を生かしてプリーツ加工、モアレ加工などがされる。黒の発色がよい。	
		トリアセテート	ソアロン		
	合成繊維	ナイロン	ナイロン プロミラン レオナ	非常に丈夫な繊維で、軽くてしなやかな感触があり、伸縮性もよい。吸湿性が悪く静電気がおきやすい。	ランジェリー、靴下、ストッキング、レインコート、スポーツウェア
		ポリエステル	テトロン	強さ、弾力性に優れる。しわになりにくく、形くずれしにくいので、用途も広く、アパレル素材として現在最も多く利用されている繊維である。	紳士服、婦人服、子供服、ブラウス、スポーツウェア、裏地、縫い糸
			エステル		
		アクリル	エクスラン、カシミロン	軽く、かさが高く、保温性に富み、毛よりも軽くふんわりした感触(バルキー性)をもっている。欠点としてピリングしやすい。	トレーナー、ジャージー、カジュアルウェア、セーター、靴下
		アクリル系	カネカロン		
		ビニロン	ビニロン、ビロン	摩擦に強いが熱に弱く、アイロンで収縮しやすい。	作業服
		ポリウレタン	オペロン	伸縮、弾力性が大きく、ゴムのような性質である。	ファンデーション、スポーツウェア

② 布地の種類

布地には、織物、編物、レース、不織布、人工皮革などがあり、衣服の布地としては、織物と編物がほとんどを占める。

織物は、縦（たて）糸と緯（よこ）糸が、直角に規則的に組み合わされて織られた布地のことで、この縦糸と緯糸の組み合わせ方を織組織と呼ぶ。織物は「平織（ひらおり）」「綾織（あやおり）」「朱子織（しゅすおり）」の三つの織組織に分類され、これを「織物の三原組織」という。どのような織物もこれらの組織の組み合わせ方や変化に基づいて織られている。

編物は、1本以上の編糸をループ状に連結させて作った平面状のもので、ニットと呼ぶ（以前はメリヤスとも呼ばれていた）。ニットには、緯編と経編があり、経編はセーターやカーディガン、ジャジーやTシャツと呼ばれるカットソー類、靴下、ストッキングなどに、緯編は下着などに使用されている。ニットは、伸縮性がよく機能性に富み、生産性が高いという特徴から、現在では、セーターや下着だけではなく、アウターウェアをはじめ、スポーツウェアなど、多種多様な衣服にまで使用されている。

③ 柄の種類

柄の種類は、ストライプ（縞柄）、チェック（格子柄）、プリント（捺染柄）、織柄（ドビー柄、ジャガード柄）に大きく分類することができる。柄は色とともに着用者の趣向に関係が深く、個性を表現しやすい。衣服を組み合わせる時には効果的に活用したい（表14）。

表14　柄の種類

分類		種類
ストライプ		・ピン、ヘアライン、ペンシル、チョーク、ブロック ・ダブル、オルタネート ・クラスター、キャンディ、レインボー ・カスケード、オーバー、シャドー ・イタリアン、ロンドン、ベンガル、マドラス
チェック		・ハンドトゥース、ウィンドーベン、バスケット、ブロック、ハーリキン、ダイヤモンド、スターオンブレ、ギンガム、千鳥、徴塵 ・クランタータン、グレン、アーガイル、タッターソール、マドラス、シェパード、ガンクラブ
プリント	玉柄	ピン、ポルカ、コイン、あられ
	花柄	小花、中花、大花
	具象柄	動物、鳥、チョウ、昆虫、魚、貝、乗物、建物、太陽、月、星、文字、日用品
	抽象柄	モダン絵画調、オプアート調、ポップアート調、アールデコ調
	幾何柄	円形、三角形、方形、ダイヤ形、ジグザグ形、波形、うず巻
	民族柄	更紗、ペーズリー、唐草、アラベスク、トロピカル
その他	織柄	ドビー柄、ジャガード柄

④ 素材感とイメージ

素材には、「温かい」「冷たい」「強い」「弱い」などのイメージがある。その素材の持ち味によって受ける印象を素材感あるいは風合いといい、視覚や触覚で評価されることが多い。素材のもつ質感やイメージをよく理解しておくことにより、適切な服種やデザインを考えることができる（図14）。

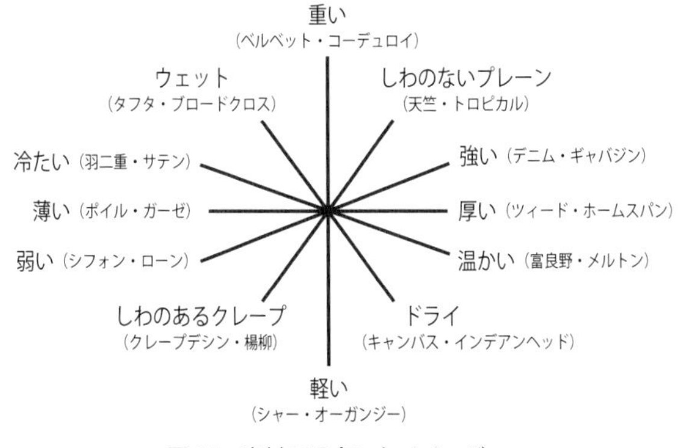

図14　素材の風合いとイメージ

⑤ 加工の種類

生地は、私たちの肌に直接触れるもので、肌ざわりや着心地のよさ、さらに動きやすさなどの触覚や機能性との関わりが深い。また日光や摩擦、熱、汗、洗濯など着用時に限らず収納にしている間もさまざまな外的刺激を受ける。素材の特性をよく理解することにより、用途に合わせた活用ができる。今日では、肌ざわりや着心地にこだわる人が多くなり、素材に対する要求が高くなっている。そのような中で、近年、外観や風合いを改善する加工や特殊な性能を付加する加工などさまざまな方法が開発されている（表 15）。

表 15　加工の種類

分類	加工の種類	目的・用途・方法
外観や風合いに変化を与える方法	ワッシャー加工	織物、ニットにしわをつける加工
	プリーツ加工	折り目をつける加工
	シルケット加工（マーセル加工）	光沢のない綿にシルクのようなつやを与える加工
	起毛加工	布地の表面を毛羽立たせて保温性を高め、風合いを持たせた加工
	ストーンウォッシュ加工	洗剤と一緒に小石を混ぜて選択し、わざと洗濯による色むらを出した加工
	コーティング加工	ポリ塩化ビニールなどを布地に添付し、ビニールのような風合いと光沢を与える加工
	柔軟加工	織物を柔らかくする加工
特殊な性能を付加する加工	防縮加工（サンフォライズ加工）	薬品を使用することなく収縮させ安定させる加工
	防縮加工	羊毛の防縮加工などで、もみ洗いなどによりスケール（表皮）が絡まり収縮することを化学処理により防ぐ加工
	防しわ加工	綿・麻・レーヨンに行う防しわ・防縮性を与える樹脂加工。ホルマリンを使用するので最終処理が不十分だと皮膚障害を起こす
	W&W 加工（ウォッシュ・アンド・ウェア加工）	洗濯後すぐに着用できるようにした樹脂加工。木綿などのセルロース繊維が吸湿によってしわや型くずれが起こるのを防ぐ
	PP 加工（パーマネント・プレス加工）	木綿などのセルロース繊維に樹脂加工を施し、形状安定させるための加工
	防水加工（通気性・撥水加工）	織物の表面に加工して水をはじくようにした加工。レインコートなどに用いる
	防水加工（不通気性）	布の表面に合成ゴムやビニルでコーティング加工して水を通さないようにした加工
	防汚加工	合成繊維に吸水性を与えて汚れを付きにくく、汚れが付いても落ちやすくする加工
	SR 加工（ソイルレリース加工）	選択時の最汚染を防ぐ加工
	帯電防止加工	帯電防止材で静電気を起きにくくする加工
	防炎・難燃加工	繊維製品の防災・難燃を高めるための加工
	吸湿・吸汗加工	合成繊維に親水性物質を加工して吸湿性を持たせた加工
	防虫加工	羊毛繊維などに防虫性を付着・吸着させて防虫効果を得る加工 人体に及ぼす影響があるので控えられている
	防菌防臭加工（バイオシル加工、サニタリー加工、防臭加工）	汗や汚れによる臭いや微生物の繁殖を制御する加工
	UV カット加工	紫外線吸着剤をコーティングした加工

2 色彩

① 色とは

私たちの生活は、自然界に存在する色をはじめ、自動車や電化製品などにつけられた人工色など多くの色が存在する。色は、デザインに求められる美しさやイメージを表現する大きな要素であり、私たちの感情や生活にさまざまな影響を与えている。

色の世界には計り知れないほどの色数があるが、これらは記号や数字により、整理分類され体系化されている。感覚で捉えるのではなく、色に関する基本的な知識を理解することにより、デザインを効果的に表現することができる。

人は、およそ500万種の色を見分けることができるといわれている。色とは、目を通じて認識した光の波（電磁波）のことであり、光が目に入り、網膜がとらえ、視神経を通じて、大脳に伝えられ、色として知覚される。カラーテレビなどの光の色（色光）は、混ぜれば混ぜるほど明るく白くなり、白色光(太陽の光)になる。一方、印刷インクや染料などの物体色（色料）は、混ぜ合わせるほど灰色や黒に近づく。

色は混ぜ合わせることによって多くの色をつくることができるが、どのような色を混ぜ合わせてもできない色が、色の三原色（赤・緑・青）と呼ばれるもので、色の基本となる。

色光の三原色は赤と緑と青紫で、色料の三原色は赤紫と黄と緑青である。

② 色の三属性

色には、赤、黄、青などの色みを系統づける「色相」、暗い紺、薄い水色など色の明るさの度合いを示す「明度」、色の鮮やかさや純粋さの度合いを示す「彩度」の三要素がある。これらの三要素を「色の三属性」と言い、ひとつの色を三つの属性に分け表示することによって、多数の色を体系化することができる。

1）色相

色相とは、赤、黄、青、緑などの、色みの基本的な種別（暖色系と寒色系）を特徴づける性質のことである。

色みの違いは、光の波長の違いであり、最も長い波長光が赤で、最も短い光が紫である。この認識できる波長順に並べた環状の色みを色相環という（巻頭カラー図1）。また色は、色みのない無彩色と、色みのある有彩色に分類される。

2）明度

明度とは、色の明るさの度合いのことで、「明るい－暗い」「高い－低い」で表現される。明るい青や薄いピンクは明度が高く、濃緑やこげ茶は明度が低いという。また無彩色は、白や黒や灰色のグループで、明度の要素だけがあり、白が最も明度が高く、黒が最も明度が低く、その段階に灰色が配列されている（巻頭カラー図２）。有彩色は、色相・明度・彩度の要素を持っており、無彩色の段階に応じて、明度が決められている。

3）彩度

彩度とは、色みの鮮やかさの度合いのことで、「強い－弱い」「高い－低い」で表現される。鮮やかな色を高彩度、穏やかな色を低彩度という。

印刷インクや染料は混ぜるほど濁色になるが、

濁った色ほど彩度が低く、混ぜない純粋の色（純色）ほど彩度が高い。

③ 色のトーン

色には、同じ赤でも鮮やかな赤、薄い赤、暗い赤など、明度と彩度の度合いによって、さまざまな色がある。トーンとは、等色相面上での色の明暗や強弱、濃淡などをいい、色調（色の調子）のことをいう（巻頭カラー図２）。

同じトーンの色は色相が変わっても、イメージは共通しているので、色名のイメージを伝達するのに適している。

④ 色立体

色の三属性を記号と数字で正確に表示した三次元の立体が、色立体（色彩体系）である。色立体は、明度を縦軸の中心に置き、色相を軸の回りに円周上に配置し、中心軸から放射状に出ている色相面で表示している。彩度は中心軸からの距離で表わされている。

マンセル色立体は、日本工業規格（JIS・Z・8721）にも採用され、広く産業界でも活用されている。色立体や色見本を念頭においてデザインを考えると、イメージ表現しやすく、色彩データとして保存しておくことも可能となる。

⑤ カラーイメージ

私たちは色を見ると何かを連想する。色から受けるイメージは人によって異なるが、大まかには一定の傾向がある。また色は五感と共感することが多く、色の知覚感情には、「軽量感」「硬軟感」「強弱感」「温度感」があり、その他、色聴、色味、色香などのイメージがある。

日本は四季という移り変わる自然色の中で生活している。古来、私たち日本人は移ろう四季の趣を、暮らしのさまざまな場面で色として表現してきた。表16に基本的な色における一般的なイメージを紹介する。

表16　カラーイメージ

色	物質的なイメージ	言語的イメージ
赤	火、血、日の丸	情熱、革命、生命、歓喜
橙	みかん、太陽、炎	ぬくもり、躍動、陽気
黄	レモン、月、枯葉	希望、黄金、未来、陽気
黄緑	新芽、若草、	田園、春、自然
緑	葉、芝生、コケ	自然、安定、安全、平静
青	空、海水、水	清涼、沈静、青春、静寂
青紫	ききょう、深海	神秘、崇高、不安、孤独、高貴
紫	すみれ、紫陽花、藤	高貴、優雅、古典、伝統、儀式
赤紫	牡丹、あずき	重厚、華麗、虚栄
白	雪、砂糖、綿、花嫁	純白、平和、神聖、清潔、潔白
黒	夜、髪、炭	闇、死、恐怖、厳粛、悪、悲しみ

⑥ カラーコーディネート

カラーコーディネート（color coordinate）とは、色の組み合わせ、色彩の調和を示すもので、ファッションイメージやテーマを効果的に表現するための重要な要素である。

カラーコーディネートを考える場合、全体の基調となるベースカラー、基本カラーに組み合わせるアソートカラー、全体の効果を上げるアクセントカラーがある。同じベースカラーでも、アソートカラーやアクセントカラーを変えることにより全体のイメージを大きく変えることができる。

（巻頭カラー図３）は日常よく用いられるカラーコーディネート法とそのイメージである。色の三属性やトーン、色の配色分量を考え、服飾美における効果のある配色を計画することが大切である。

１）ハーモニーカラー コーディネート

「同系色配色」の意味。似た色同士（類似色）の組み合わせることで統一感を出す方法と一つの色の中で明度の違う色を組み合わせる方法がある。落ち着いたイメージをつくる効果がある。

２）グラデーションカラー コーディネート

白から黒への移行、同色相・同明度・同彩度の濃淡など段階をもって変化する階調的な配色方法。穏やかさや優しさのイメージを表現する効果がある。

３）セパレーションカラー コーディネート

「分離配色」の意味。配色された２色の中間に他の色をはさむ配色方法。強すぎる色を柔らげたり、弱い色を際立たせたり、よりコントラスト感を出すなど、調節色を加えることで新しい効果を与える。

４）アクセントカラー コーディネート

ベースカラーが単調になった場合、対照的な色を少量用いて配色全体に抑揚をつける配色方法。色相差、トーン差の大きい色を少量配色することにより、引き締まった効果を上げることができる。日本語では「差し色」と呼ばれる。

５）コントラストカラー コーディネート

対照的な色を配色する方法。また同系色同士でも思い切った明度の差を組み合わせる方法もある。躍動感ある力強い表情をつくる効果がある。

６）マルチカラー コーディネート

多くの色を配色する方法。鮮やかな色の組み合わせならば、躍動感あるイメージが表現でき、柔らかい色の組み合わせならば落ち着いたやさしいイメージをつくることができる。

⑦ 膨張・進出色と収縮・後退色

色には、色相や明度、彩度によりさまざまな効果を与えることができる。明度や彩度の高い色や暖色系の色は、膨張し進出して見える（巻頭カラー図４）。明度や彩度の低い色、寒色系の色は収縮し、後退して見える傾向にある（巻頭カラー図５）。例えば、薄い色のピンクの衣服を着ると太って見え、黒の衣服を着ると痩せて見えるのはその効果の表われである。色のもつ効果を理解し、衣服デザインに活用するとよい。

⑧ 色の視認度

色の組み合わせにより、視認度が異なる場合がある。単色ではビビッドで高彩度な色ほど鮮明に目立つ色になる。色を組み合わせる場合には、明度や色相、彩度の対比関係が大きいほど視認度が高くなる（巻頭カラー図６）。

例えば、子ども用の黄色い傘や工事中の黒と黄色の縞の看板などは視認度の高い例である。これらは視認度を高めたい場合の参考になる。

3 形体

① シルエット

衣服の形体要素には、主にシルエット（外形の輪郭）とディテール（細部のデザイン）の二つがある。これらの組み合わせにより、多種多様なデザインが表現される。シルエットは、ファッションでは多くは「ライン」、または「シルエットライン」と呼ばれ、衣服の流行と深い関わりがある。シーズンごとにスカート丈が長くなったり短くなったり、ジャケットの肩幅やラペル（襟の折り返し）が広くなったり狭くなったり、身体にフィットしたセーターが流行したかと思えば、オーバーサイズのＴシャツが流行したりと、絶え間ない流行と共に変化し繰り返される。

シルエット変化の要因には、着丈、肩幅、ゆるみ分量、切り替え線などが関係する。シルエットには多数あるが、大きくは直線的なシルエットと曲線的なシルエットがある（表17）。

表17　シルエットの分類

直線的なシルエット	ストレートライン	Vライン 逆ピラミッドライン ウェッジ（くさび形）ライン	Aライン テントライン ピラミッドライン トラペラーズ（台形）ライン	Xライン
曲線的なシルエット	スリムライン ボディコンシャスライン マーメードライン	アワーグラス（砂時計）ライン	フィットアンドフレアライン	バレル（たる形）ライン バルーン（風船形）ライン コクー（繭形）ライン

② シルエット分割

衣服には、常に切替え線が存在する。基本分割には、「垂直分割」「水平分割」「斜線分割」「自由分割」となり、その線の太さ、幅、方向、流れ、強弱によりさまざまな表現が可能となる（図15）。

垂直分割は、実際より長く、シャープに見え、高さを誇張させることができる。水平分割は、実際より幅広く見え、幅を誇張させることができ、同時に安定感を得ることができる。

たとえばバスケットシャツは背を高く見せるために縦縞を活用しており、ラクビーシャツは、肩幅をがっちり幅広く見せるために横縞を活用していることが多い。

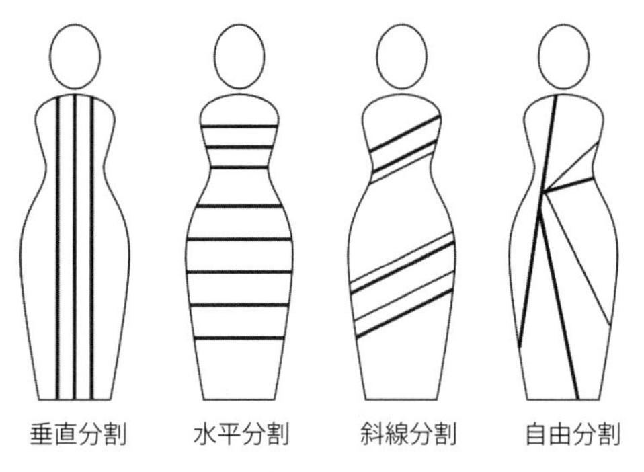

図15　デザインの基本分割

斜線分割は、リズミカルで躍動感が感じられ、傾斜の角度を鋭くすることにより、動的イメージが増す。自由分割は、直線、曲線を多用することにより、アンバランス性は増すが、個性的になる。シルエット分割を衣服デザインに活用することにより、多様なデザイン展開が可能となる。

③ ディテール

ディテールとは、細部のデザインのことをいう。衣服デザインを考える場合、まず基本シルエットの切替線を決め、ネックライン（首回りの線）やスリーブ（袖）、カフス（袖口）などの基本的な形を決める。そしてプリーツやギャザー、ステッチ使いといった装飾性の強い細部のデザインのあり様を決める。ディテールは、人の嗜好が最も表現される部分であり、着用者の嗜好を十分に考慮した上で、デザインに活用するように心がける。

④ テイスト分類

衣服はTPO（時、場所、場合）に合わせて、さまざまな組み合わせで着装されている。コーディネート（coordinate）とは組み合わせのことをいい、衣服では、色・素材・形・服種などを組み合わせることを指すが、今日では、アクセサリーやバックなど服飾小物やヘアメイクなども含めたトータルなイメージづくりが求められる。

衣服のコーディネートは、テイストマップ（またはポジショニングマップ）を基本にイメージ分類することが多く、図16はその代表的なものである。衣服イメージを、クラシック（伝統的）とアバンギャルド（前衛的）、ソフィスティケート（洗練的）とフォークロア（民族調）、スポーティブ（活動的）とエレガント（優雅的）などのイメージに分類することができる。現代は、ひとつのイメージにこだわらず、いくつかのイメージをミックスさせて個性を表現している。

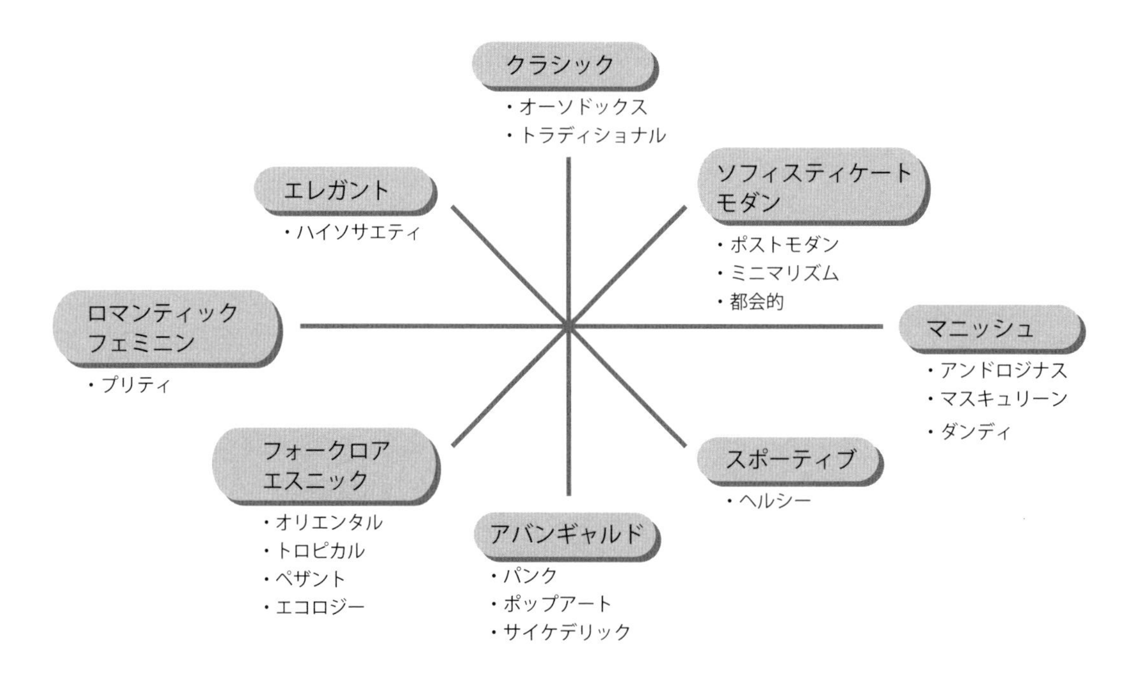

図16　コーディネートのためのイメージ分類

7 品質管理

1 品質表示

品質管理とは、「製品が一定の水準を保つように、企画、実験、製造などの工程において、統計学的な調査を基に、製品を管理すること」をいう。衣服においては、近年、素材や加工方法、副資材等も豊富になり、さまざまな種類のものが市場に出回り、その品質管理はますます複雑になってきている。

消費者が商品を購入する場合、その商品の素材特性や取扱い方法などが分かるように、品質表示、取扱い表示（絵表示）、原産国表示、サイズ表示などの明記が義務づけられている。組成表示（図17）とは、使用されている繊維は何か、どのような素材を何%ずつ使用しているかなど統一名称（表18）を用いて、百分率で表示することになっている。素材の性質はその繊維素材の材質や特性により決められるといっても過言ではない。衣服管理を適切に行うには、使用されている繊維の特性とその取扱い方法をよく知ることが大切である。

近年、多種多様な素材開発や加工方法が開発され、色落ちや縮み、皮膚のかぶれなどのクレームが増えている。商品に対してクレームがある場合は、製造会社が窓口になり責任ある対応を取るように、消費者保護の立場によりPL法※1（製造物責任）が定められている。

※1　PL法（製造物責任）：製造業者等が、自ら製造、加工、輸入または一定の表示をし引き渡した製造物の欠損により他人の生命、身体または財産を侵害した時は、過失の有無に関わらず、これによって生じた損害を賠償する責任を求めることができる法律。

NO. D5050

COL W

SIZE 9

QUALITY
表地
綿 95%
ポリウレタン 5%

PRICE ￥26.000

(株)○○○○○
東京都渋谷区○○○ TEL(03)0000-0000
MADE IN JAPAN

図17　組成表示

表18　間違えやすい統一文字

統一名称	通称名
毛	ウール
綿	コットン
絹	シルク
麻	ラミー
ビニロン	ビロン
ポリエステル	テトロン、エステル
アクリル	カシミロン
ポリプロピレン	ポリプロ
ポリウレタン	スパンデックス、オペロン

2　取扱い絵表示

繊維製品の「品質表示法」で、家庭で洗濯する際の取扱い方法を絵文字で明記することが定められている（表19）。絵表示される取扱い項目には、洗い方、漂白処理、アイロンのかけ方、ドライクリーニング、ウェットクリーニング、タンブル乾燥、干し方の７項目がある。これらの絵表示は、衣服、毛布、敷布、和服、角巻、およびひざ掛け、カーテン、タオルケット、寝具用カバー類に表示することが義務づけられており、衣服の扱う際の大切な項目である。

3　洗濯の方法

繊維素材によって、洗たくの方法、使用洗剤、洗い方、脱水、乾燥、のりづけなどの方法が異なる。洗濯の方法には、ドライクリーニングとランドリークリーニングがある。

ドライクリーニングは、有機溶剤を使用するので、アルカリ性に弱い毛や絹など、水で洗うと収縮するものや型崩れするものに使用される。油汚れがよく落ちる、色が落ちにくい等の反面、水溶性の汚れが落ちにくいなどの欠点がある。

ランドリークリーニングは、水洗いのことで、汚れを水で膨潤させて取り除く方法である。

家庭では、水洗いで撹拌（かくはん）しながら汚れを除去する方法が取られている。使用前に繊維の種類や注意事項を確認し、使用することが望ましい。

表 19　取扱い絵表示

洗い方	
	液温は 60 度を限度とし、洗濯機で洗濯ができる
	液温は 60 度を限度とし、洗濯機で弱い洗濯ができる
	液温は 50 度を限度とし、洗濯機で洗濯ができる
	液温は 50 度を限度とし、洗濯機で弱い洗濯ができる
	液温は 40 度を限度とし、洗濯機で洗濯ができる
	液温は 40 度を限度とし、洗濯機で弱い洗濯ができる
	液温は 40 度を限度とし、洗濯機で非常に弱い洗濯ができる
	液温は 30 度を限度とし、洗濯機で洗濯ができる
	液温は 30 度を限度とし、洗濯機で弱い洗濯ができる
	液温は 30 度を限度とし、洗濯機で非常に弱い洗濯ができる
	液温は 40 度を限度とし、手洗いができる
	家庭での洗濯禁止

漂白処理

塩素系及び酸素系の漂白剤を
使用して漂白ができる

酸素系漂白剤の使用はできるが、
塩素系漂白剤は使用禁止

漂白処理はできない

ウエットクリーニング

ウエットクリーニングが
できる

弱い操作による
ウエットクリーニングができる

非常に弱い操作による
ウエットクリーニングができる

ウエットクリーニング禁止

ドライクリーニング

パークロロエチレン及び
石油系溶剤による
ドライクリーニングができる

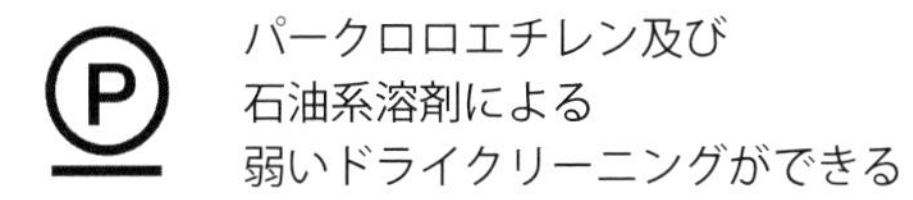
パークロロエチレン及び
石油系溶剤による
弱いドライクリーニングができる

石油系溶剤による
ドライクリーニングができる

石油系溶剤による弱い
ドライクリーニングができる

ドライクリーニング禁止

タンブル乾燥

タンブル乾燥ができる
（排気温度上限 80 度）

低い温度でのタンブル乾燥が
できる（排気温度上限 60 度）

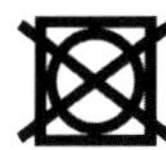
タンブル乾燥禁止

干し方

つり干しがよい

日陰のつり干しがよい

ぬれつり干しがよい

日陰のぬれつり干しがよい

平干しがよい

日陰の平干しがよい

ぬれ平干しがよい

日陰のぬれ平干しがよい

アイロン仕上げ	
	底面温度 200 度を限度として アイロン仕上げができる
	底面温度 150 度を限度として アイロン仕上げができる
	底面温度 110 度を限度として アイロン仕上げができる スチームなしでアイロン仕上げ
	アイロン仕上げ処理はできない

4 しみ抜きの方法

通常の洗濯では、落ちない汚れは「しみ抜き」として別の方法で落とす必要がある。しみの付いた衣服は、しみの種類や付き方、繊維の種類によりしみ抜き方法が異なる。応急処置として、水溶性の汚れは、汚れの下にタオルやハンカチを置き、水を含ませた布で上から軽くたたき、洗えるものは洗濯する。油溶性の汚れは、ティッシュや布で汚れをまずしみこませておいた後に洗濯する。一般に、ついて間もないうちは、比較的簡単にとれるのでできるだけ早く取り除くよう心がける（表 20）。

表 20　しみ抜きの方法

しみの種類	1 次 処 理	2 次 処 理
汗	水洗い	揮発油でふきアンモニア水、または酢酸で洗う
えりあか	揮発油でふく	石けん、またはアンモニア水をブラシにつけて洗う
乳	水・洗剤液	揮発油でふき、石けん水、アンモニア水で洗う
ふん尿	水洗い	アンモニア水で洗い、ほう砂水に浸す
血液	水・洗剤液	アンモニア水で洗う。アルコールで洗う
茶・コーヒー	水・洗剤液	アンモニア水（5～10％）で洗う。ほう砂水（2％）で洗う
しょうゆ・ソース	水・洗剤液	アルコール、洗剤、ほう砂水（2％）あるいはアンモニア（5～10％）で洗う
酒・ビール	ぬるま湯・アンモニア水	酢酸とアルコールの混液で洗う
牛乳・たまご	水・ぬるま湯・洗剤液	揮発油でふき、アンモニア水で洗う
チューインガム	氷で冷やし生地の上部のものをとる、ベンジン	アセトン、トルエンなどの溶剤処理が必要
口紅・ほお紅	洗剤・揮発油	アンモニア水で洗い、アルコールで色素をぬく アルコール原液でたたき、ベンジンで洗う
マジックインキ・ペンキ	揮発油・シンナー・ベンジンなどでふく	四塩化炭素をつけてもむ。小刀でかき落とし、湯気でやわらげて揮発油でふく、ペンキ、絵の具はテレピン油でふきベンジンでふきとる。アセトン、酢酸アシルを用いる
墨汁	水・ぬるま湯・洗剤液	ふのり液、飯粒、または小鳥のふんでもみとる

5 破損や体型変化への修理方法

衣服の着脱を重ねるうちに、ボタンやホック、ファスナー等が取れたり、破損したり、また生地が何かに引っかけて破れたりする場合がある。

そのような場合に対応できるように、修理に必要な予備の付属品や布地を保管しておく必要がある。また加齢とともに体型の変化がある場合、体型に合わせるためにはリフォームが必要となる。オーダーウェアの場合、多めの縫い代を付けておくことが望ましい。

また既製服で縫い代の少ない場合は、別布を使用してリフォームしてもよい（図 18）。

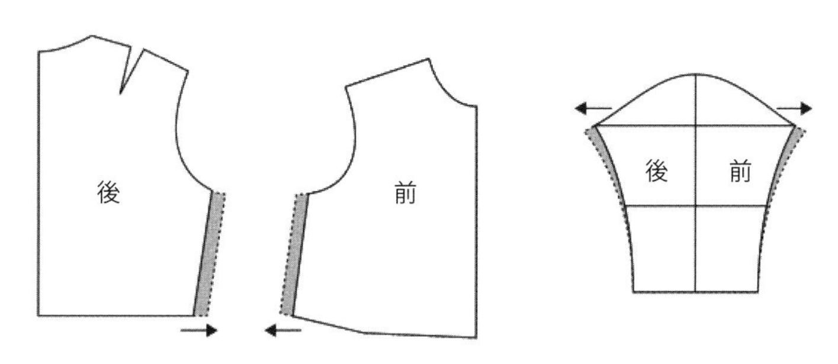

身幅を広くする場合
広げたい寸法を前後身幅で平行に出し、袖ぐり寸法を合わせて補正する

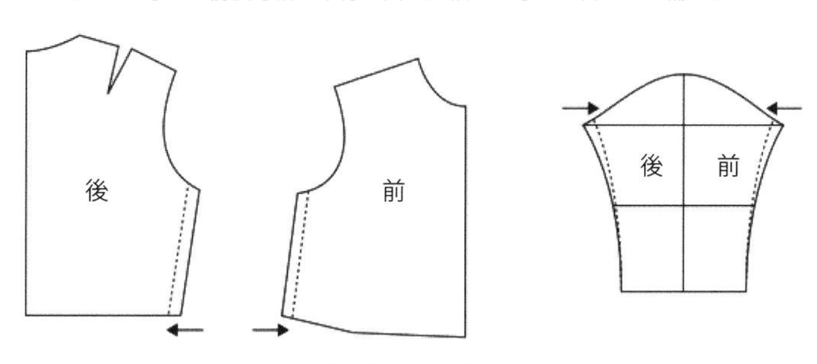

身幅を狭くする場合
狭くしたい寸法を前後身幅で平行に削り、袖ぐり寸法を合わせて補正する

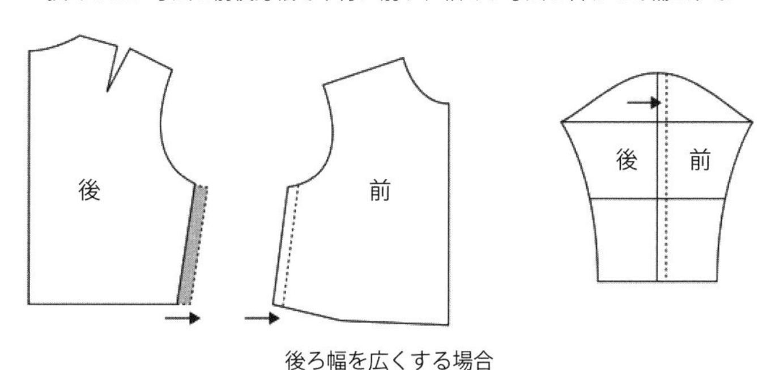

後ろ幅を広くする場合
前身幅を削り、後ろ身幅を平行に出す。袖下で袖山の合印と袖ぐりを合わせ補正する

図 18　身幅の補正

CONCLUSION

　私が大学でファッションを学び始めたのは、ラグジュアリーブランド、モード系ブランド、セレクトショップなどが混在し、ファストファッションが世間で認知されつつあった90年代後半でした。不況の煽りを受けた就職難に背を向けながら、「大学で教鞭をとりたい」と背伸びをしながら大学院に進みました。

　ファッション分野に身を投じる者として、今後のファッションが向かうべき一つの可能性を模索する中、見寺教授が長年取り組んできたユニバーサルファッションに出会いました。もちろん、ユニバーサルファッションについては知ってはいましたが、芸術工学に端を発した見寺教授の理念に感銘を受け、自らの研究、そしてライフワークとして、その課題に取り組みたいと考えるようになりました。

　ユニバーサルファッションの取り組みを深める中で直面した課題は、既製服のサイズや形体にあてはまらない人たちが思いのほか多いということでした。そこで、私は衣服設計の視点から研究を進めようと決意し、フランス・パリで立体裁断法を習得しながら、ヨーロッパにおける衣服のあり方やユニバーサルファッションの現状を把握することに努めました。

　当時、北欧とくにデンマークでは “Design for all” という考え方を基にユニバーサルデザインの取り組みが社会全体に浸透していました。ファッションも例外ではなく、高齢者施設などでテキスタイルのワークショップが実践され、それがオシャレで心地よく過ごせる空間となっていました。さらに、高齢者施設では、高齢者のみなさんのなんとオシャレなこと。完璧な化粧を施し、お気に入りのシャネルスーツや日本柄のシルクのシャツで装う姿は何歳になっても現役の女性を印象づけるものでした。

　フランス・パリなど中央ヨーロッパでは、北欧に後れを取っていたとはいえ、そこはモードの中心地、高齢者の方々もまたオシャレが生活の中に溶け込んでいました。

ホームステイ先のマダムは、昼はワンピースに上質なスカーフを巻いて出かけ、夜はワインを片手にシルクのスリップドレスでくつろぐという映画の一場面のような生活をさらりと送るという具合。正直なところ、パリでユニバーサルファッションという概念を目の当たりにしたことはありませんでしたが、ここでは、生活者が自分に合ったものを選ぶということに長けていました。そこで、日本の高齢者に欠けているのは、自分に合ったファッションを選択する目とオシャレを楽しむという意識だと痛感したものです。

私がユニバーサルファッション研究の根底に掲げる課題「美」と「機能性」は、そうしたヨーロッパでの経験から感じ取ったものでした。「美」と「機能性」の課題は、後に博士論文「片麻痺者に配慮した衣服設計指針に関する研究」（2013年度）としてまとめ、科研「衣服デザインに視点をおいた円背高齢女性の体型特性把握および衣服製作の実践評価」（2019～2021年度）へとつながっていきました。このテーマは今後も継続・追求していく課題です。

先に述べた見寺教授のユニバーサルファッションの取り組みには、“モノ”のデザインに加え、“コト”や“仕組み”のデザインの考え方が根底にあります。そこには、単なる研究の枠を超えた人と人との繋がりとやさしさがあり、私はそこに惚れ込みました。私は幼少期から、誰かのために何かをし、喜んでもらうことが好きでした。「皆を笑顔にする」、ユニバーサルファッションはまさにこの思いとも重なるものでした。本書を著すにあたり、多様性を認め合い、すべての人が快適な衣生活を送れるデザインとその仕組みづくりに尽力していきたいと改めて思い返されます。

2020年3月　笹﨑 綾野

● 出典（写真・図・表）

【巻頭】　「コシノヒロコファッションショー　― GET YOUR STYLE! ―」
神戸ファッション美術館 2019

【第 1 章】
写真 1　宇宙服
写真提供：株式会社ビームス　デザイン：株式会社ビームス
写真 3　こうべ・だれでもトイレ　画像提供：神戸市
図 1：　持続可能な開発目標（SDGs）活用ガイド
出典：2019 年環境省環境省（法人番号 1000012110001）
図 2：　人口高齢化速度の人口比較
出典：国立社会保障・人間問題研究所「人口統計資料集」（2018 年）
図 3：　地球にやさしいロゴマーク
左上　エコマーク：エコマーク（公財）日本環境協会
左下　アルミ分別マーク：（公社）食品容器環境美化協会
右上　牛乳パック再利用マーク：牛乳パック再利用マーク促進協議会
右下　ペットボトル分別マーク：PET ボトルリサイクル推進協議会

【第 3 章】
見寺貞子作品（掲載作品）
デザイン監修：見寺貞子
制作：韓先林　撮影：森田彩香
モデル：大久保美希・韓先林・高橋実来・高嶋宏之
図 1　メラビアンの法則から作成
図 2　高齢者の身体特性
資料出所　斎藤一・遠藤幸男
高齢者の労働能力（労働科学研究所 1980）より作成
図 3　体型による体型の変化
（株）ワコールの資料から作成　制作：足立優・河津花厘
図 4 ～ 6：田中直人・見寺貞子著
「ユニバーサルファッション」中央法規 2002 年より抜粋

【第 4 章】
図 1：　障害者白書平成 25 年版 内閣府より作成　制作：笹﨑綾野

【第 5 章】
表 1・図 1 ～ 8、12 ～ 37：田中直人・見寺貞子著
「ユニバーサルファッション」中央法規 2002 年より抜粋
図 9 ～ 11 ウエストとヒップの差が少ない人　制作：足立優・河津花厘

【第 6 章】
写真 1　3D アパレルデザインシステム SDS-ONE APEX4
画像提供：株式会社島精機製作所
写真 2　ホールガーメント編み機 MACH2XS123
画像提供：株式会社島精機製作所
写真 3　3D 人体計測　画像提供：株式会社ワコール
写真 4　着脱しやすいブラジャー（リマンマ）　画像提供：株式会社ワコール
写真 5　ファスナー「click-TRAK」
画像提供：Ｙ Ｋ Ｋ株式会社
写真 6　TOMMY HILFIGER 2019
画像提供：株式会社 f プロジェクト・steve wood
写真 7　コシノヒロコファッションショー「GET YOUR STYLE!」
画像提供：株式会社　ヒロココシノ

写真 8　難病の子どもたちに向けた服
巻頭・P89 左上　アペール症の子ども
画像提供：tenbo デザイン事務所　デザイン：鶴田能史
撮影：Yuka Uemura
モデル：ナナミ（アペール症 tenbo 専属モデル）
写真：Yuka Uemura
P89 右上　ダウン症の子ども
画像提供：tenbo デザイン事務所　デザイン：鶴田能史
撮影：Yuka Uemura
モデル：かずは（ダウン症 tenbo 専属モデル）
写真：Yuka Uemura
P89 下　難病の子どもたち
画像提供：tenbo デザイン事務所　デザイン：鶴田能史
撮影：Yuka Uemura
モデル：左から　ライム（アルビノ tenbo 専属モデル）
ナナミ（アペール症 tenbo 専属モデル）
リアイ（tenbo 専属モデル）・リイカ
写真：Yuka Uemura
巻頭　車椅子の男性
画像提供：tenbo デザイン事務所　デザイン：鶴田能史
モデル：寺田 湧将（車椅子モデル）　写真：tenbo デザイン事務所
写真 9　「Advanced Style ニューヨークで見つけた上級者のおしゃれスナップ」
著者：アリ・セス・コーエン 訳者：岡野ひろか（大和書房）
写真 10　「OVER60 Street Snap　いくつになっても憧れの女性」
著者：MASA&MARI（主婦の友社）

【第 7 章】
写真 7　こうべ UD 大学　画像提供：公益財団法人こうべ市民福祉振興協会
写真 9　KOBE どこでも車いす　画像提供：神戸市
写真 10　村オリジナルブランド商品「神戸幸品」
画像提供：公益財団法人こうべ市民福祉振興協会
写真 11　共同アートオリジナルばんそうこう & 手芸品
画像提供：公益財団法人こうべ市民福祉振興協会
写真 12　KIITO「大人の洋裁教室」ポスター　デザイン：神崎奈津子
写真 18　ハットを被ってハッと明るく！事故帽子
写真 19　どの方向からの光でも反射する反射球　デザイン：見明暢
写真 20　帰り道を安全にするエコバック　デザイン：町田奈美
写真 30　新会員へのポスター　画像提供：生活協同組合コープこうべ
図 1　車の速度と事故の関係　出典：一般社団法人日本反射材普及協会
図 2　「神様たちの街」ポスター　画像提供：風楽創作事務所
図 3　コープこうべ人気キャラクター「コーすけ」
画像提供：生活協同組合コープこうべ
図 4　中国と日本の中高年女子の体型比較　制作：詹瑾

【第 8 章】
図 1　産官学民連携の仕組み　制作：鈴木徹

●引用文献・参考文献

・環境省持続可能な開発目標（SDGs）活用ガイド　https://www.env.go.jp/policy/SDGsguide-gaiyou.rev.pdf

・環境省政策分野行政活動　地球環境・国際環境協力　http://www.env.go.jp/earth/sdgs/index.html

・経済産業省　ダイバーシティ経営の推進　https://www.meti.go.jp/policy/economy/jinzai/diversity/index.html

・繊維産業の課題と経済産業省の取組　2018 年 6 月経済産業省製造産業局生活製品課
https://www.meti.go.jp/policy/mono_info_service/mono/fiber/pdf/180620seni_kadai_torikumi_r.pdf

・平成 30 年版高齢社会白書　内閣府　https://www8.cao.go.jp/kourei/whitepaper/w-2018/zenbun/30pdf_index.html

・令和元年版障害者白書　内閣府　https://www8.cao.go.jp/shougai/whitepaper/r01hakusho/zenbun/index-pdf.html

● 協力企業

・株式会社ヒロココシノ
〒151-0051　東京都渋谷区千駄ヶ谷 3-4-9
TEL.03-5474-2933　FAX.03-5474-3770
http://www.hirokokoshino.com

・株式会社ビームス
〒150-0001　東京都渋谷区神宮前 1-5-8 神宮前タワービルディング
TEL.03-3470-2184
http://www.beams.co.jp/

・株式会社島精機製作所
〒641-8511　和歌山市坂田 85
TEL.073-471-0511
https://www.shimaseiki.co.jp/

・株式会社ワコール
〒601-8530　京都市南区吉祥院中島町 29
TEL.075-682-1006　FAX.075-682-1103
https://www.wacoalholdings.jp/

・YKK 株式会社
〒110-0016　東京都台東区台東 1-31-7　PMO 秋葉原北
TEL.03-3837-9405　FAX.03-3837-9456
https://www.ykk.co.jp/japanese/business/fastening.html

・株式会社 f プロジェクト
〒162-0842　東京都新宿区市谷砂土原町 3-8-3-306
TEL.03-3267-4119　FAX.03-3267-4129
https://f-fiori-cafe.com/company/

・tenbo デザイン事務所
〒182-0002　東京都調布市仙川町 1-48-1-502
TEL.03-6279-6124　FAX.03-6279-6124
https://www.tenbo.tokyo/

・生活協同組合コープこうべ
〒658-8555 神戸市東灘区住吉本町 1 丁目 3 番 19 号
TEL.078-856-1003
https://www.kobe.coop.or.jp/

・株式会社プラネット
〒460-0003　愛知県名古屋市中区錦 1-19-25 名古屋第一ビル アネックス 4F
TEL.052-219-7161　FAX.052-219-7165
http://www.cosme-planet.co.jp/

・株式会社大和書房
〒112-0014 東京都文京区関口 1 -33-4
TEL.03-3203-4511
http://www.daiwashobo.co.jp/

・株式会社主婦の友社
〒112-0014　東京都文京区関口 1-44-10
TEL.03-5280-7500
https://shufunotomo.co.jp/

映像で見るユニバーサルファッション

下記QRコードで視聴できます。

［アジアに広がるユニバーサルファッション］

～見寺教授の活動を追う～

（日本語・英語・中国語・韓国語を選択可能　上映時間 20 分）

年齢、性別、国籍、障害の有無を超えるユニバーサルファッションは、
21 世紀のファッションの潮流を担っている。
この映像は、ユニバーサルファッションの基本知識から事例までを解説し、
日本から中国、韓国などアジア地域への広がりを現地取材した教材である。

PROFILE

◎ 見寺 貞子
神戸芸術工科大学 芸術工学部
ファッションデザイン学科 教授　博士（芸術工学）
神戸芸術工科大学大学院にて博士号取得。株式会社近鉄百貨店商品本部を経て、現職。ユニバーサルファッションを通じて、快適で楽しい衣生活環境創りを目指す。大学で教鞭を執る中、産官学民連携プロジェクトや生涯教育セミナーの講師を務め、ユニバーサルファッションの教育・普及活動に努めている。

◎ 笹﨑 綾野
神戸芸術工科大学 芸術工学部
ファッションデザイン学科 准教授　博士（芸術工学）
神戸芸術工科大学大学院博士後期課程にて博士号取得。渡仏しモデリストのディプロムを取得。神戸松蔭女子学院大学、佐野短期大学を経て、現職。高齢者や障害者の衣服設計研究を実施する傍ら、ファッションショーや講演、企業等へのアドバイスなどユニバーサルファッションの普及活動に尽力している。

おしゃれは心（こころ）と身体（からだ）のビタミン剤（ざい）
ユニバーサルファッション

2020年3月31日 初版第1刷発行

著　者　見寺 貞子・笹﨑 綾野
発行者　佐々木 幸二
発行所　繊研新聞社
〒103-0015 東京都中央区日本橋箱崎町31-4 箱崎314ビル
TEL.03(3661)3681　FAX.03(3666)4236

印刷・製本　株式会社シナノパブリッシングプレス
乱丁・落丁本はお取り替えいたします。

ISBN 978-4-88124-336-7 C3063

・本書は2019年度 神戸芸術工科大学学内共同研究費の一部で制作されました。